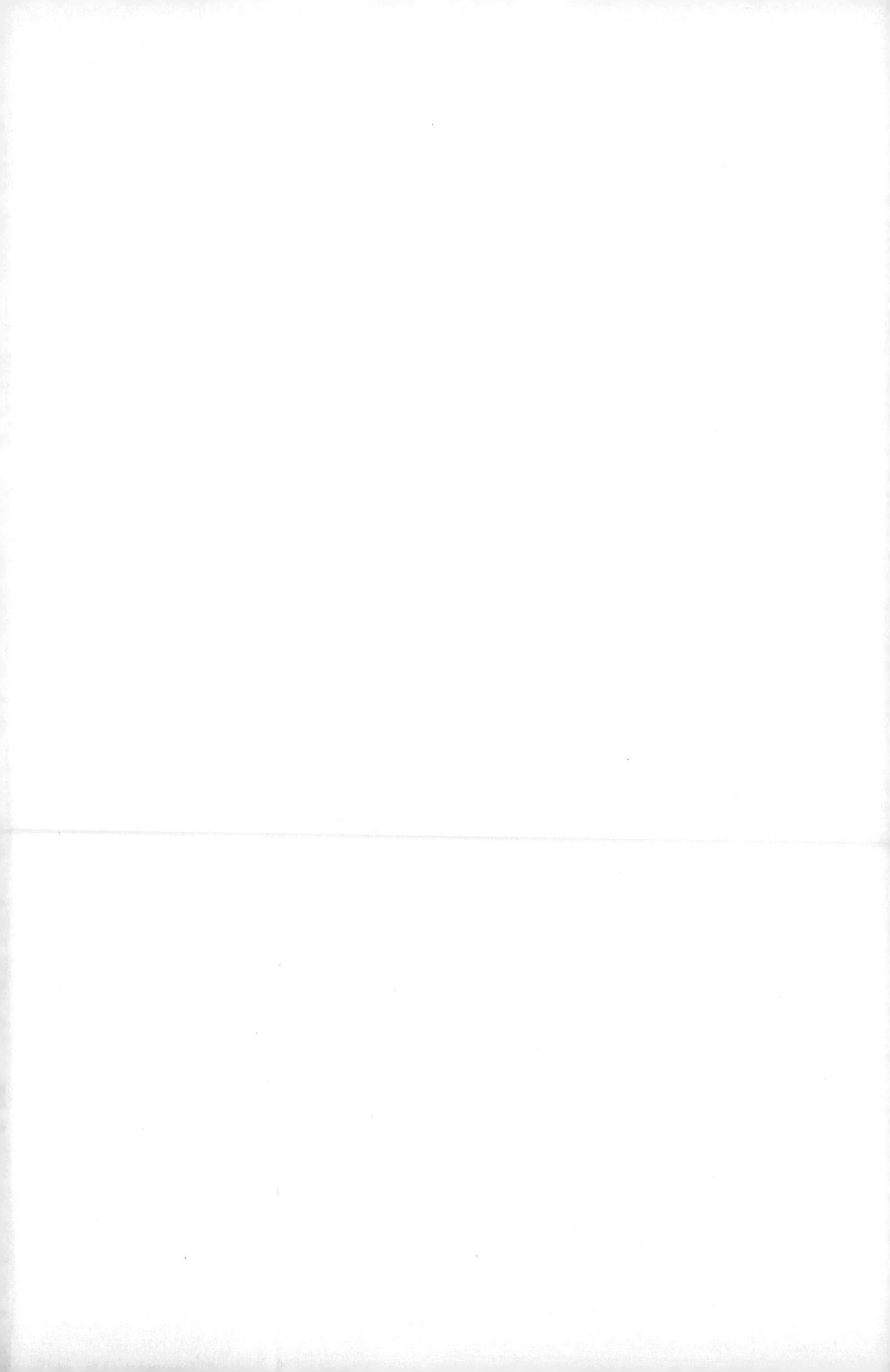

曾國棟—原著・口述
李知昂—採訪整理

工作者

1%

1%

每天精進1%的持續成長思維

自我修練、技能翻轉、掌握贏面的40個職場眉角

競爭力，來自於
比別人多想一點、多做一小步！

不論是處理客訴、同事溝通、拓展人脈，
想法轉個彎、同理多一點，
讓看似例行公事的小事，助你成為高效職場人！

商周出版

目錄 CONTENTS

第二章 職場重要觀念

第三章 工作技能的精進

第四章 影響成敗的關鍵

推薦序

心中有願景，永遠年輕的長者

丁菱娟／新創及二代企業導師

曾國棟老師，我們都叫他ＫＤ老師，是我非常尊敬的一位長者，跟他認識真的是很有緣分，我們同時在很多不同的單位擔任創業導師，像是ＡＡＭＡ台北搖籃計畫、二代大學，還有許多演講的場合。能夠有像他在業界這麼高人氣、高人脈的老師一起擔任導師，我自然覺得非常的榮幸。

每次跟他碰面的時候，他都會和我聊到寫作出書的一些想法和細節，ＫＤ老師總是非常好奇地詢問如何可以讓文章更平易近人，讓更多讀者喜歡閱讀，聽完之後我覺得非常汗顏，對待讀者的喜好和寫作技巧的精進我真的不如ＫＤ老師的熱情和認真。他一旦認定的計畫和任務，絕對全力以赴，而且劍及履及，就行動力而言KD老師無異就是夢想實踐家。

越與KD老師認識，越了解他，越認為他根本就是年輕人，除了不可更改的年紀之外，他具備了「不老」的特質，好奇、熱情、活力、有勇氣、肯冒險。他全身上下充滿了戰鬥力，經常跟我聊著他的出書計畫，和其他想做的事。神奇的是，沒過幾個禮拜再碰面時，他就說已經完成了一本書，或是已經又寫完了七、八十篇的文章。對於他的執行力和速度，我只能用「瞠目咋舌」四個字來形容。

他對於傳承這件事情非常有使命感，拚命地想把自己三、四十年的功力趕快地分享傳承給現在的年輕人，教導他們做人處事的道理、經營公司的理念、合夥及併購的眉角、領導溝通的能力，以及創新與創業的觀念。他擁有太多豐富的經驗，生命有太多源源不絕的故事，這本書集結了他智慧的精華，有分給管理者和工作者兩個主題，他緩緩地道出生命哲學和價值觀，像是旁邊有人生導師循循善誘，有緣讀到是讀者的幸運。

曾經他在輔導二代接班的學員時，發現最大的挑戰是在於一代和二代之間的隔閡，所以他跑去找一代這些父母聊天打高爾夫球，像朋友似地慢慢告訴他們有關他兒子的想法和對父母的愛，也跟他們聊一些對接班的看法和退休分享，不僅增加一代對二代的信任，也推動一代慢慢放手的意願。

他的心胸寬大，創業過程樂於當老二，顧全大局，老二哲學讓他在事業上維持很好的夥伴關係，現在我發現「創業合夥人」（Co-founder）這個頭銜已成為很多新創事業的常態，對於合夥的關係真諦，都可以在KD老師身上找到豐富的經驗和高度的思維。

他的傳承工作還不只是著書立說、寫作演講而已，他今年還真正地開辦起中華經營智慧分享協會（MISA），邀請各界領域精英老師一起參與擔任講師，大家一起將所學的經驗萃取成一堂堂智慧課程，傳遞給下一代的年輕人。很多老師也被他這種熱心且真誠奉獻的精神所感動，毫不遲疑地加入。

著書、立說、辦學這三件事，就是一門利他的事業，KD老師到第三人生做的都是這三件事，思考如何分享智慧，傳承智慧。雖然勞心勞力，但他總是充滿熱情，有計畫地去實踐它。就像他在書中寫的，當你找出了動機和願景，便能點燃熱情，熱情利他又利己，若是為了完成願景，或達成自己內心的動機，歡欣去做，就不會覺得苦，反而會快樂。我相信在他的人生道路上，這三件是他會一直做下去的事，因為他有願景又有執行力。

這本書同樣集結了他的智慧和經營哲學，給工作者和管理者兩個部分，與其說是傳授工作與管理的經驗，倒不如說他是在傳授一種思維和態度，通常態度對了，事情也就對了。

對於這樣一位有智慧又活力四射的長者，除了尊敬之外，也是我人生的榜樣。

推薦序

最樂於分享知識、提攜後進的人

何飛鵬／城邦媒體集團首席執行長

我認識的曾國棟是一個最珍惜且重視知識管理的人，他把數十年的管理、經營經驗，全部整理成系統化的知識，並整理成簡報（PPT），到各企業分享，造福了無數同業。

他也是最勤於筆耕的企業家，不斷地把他的人生體驗、職場經驗，寫成一篇篇的文章，以和年輕人分享，在雜誌及媒體上獲得極大的認同，在網路上有極高的點擊率。

大約在兩年前，他和我談了一個極具創意的想法，他覺得我們這些年華老去的經營者，有責任為這個社會做一些事，就是把我們一生的經驗，傳承給年輕的創業家，讓他們能在複雜的經營環境中，少犯一些錯誤，少走一些遠路。他的想法也很簡單，就是集合這些即將退居幕後的經營者，組成一個團體，有計畫地傳承分享管理知識。

我以為他只是說說而已，隨口附和了兩句。沒想到他完全當真，到處去宣揚他的理念，開始一步步召集了一群認同他的想法的人，最後成立了中華經營智慧分享協會（MISA），由有經驗的企業家，組成院士團，每個月舉辦咖啡座談，定期分享管理經營經驗。也有計畫地募集年輕的創業家，由院士進行一對一的經營指導，為期兩年，他的想法真的付諸實踐了！

現在他把已完成的文章集結起來，出成兩本書，分別是一本給工作者看，一本給管理者看，他用的都是一％的精進思維的概念，告訴所有的讀者如何增加一％的努力，就可以帶來無限的成長可能。

給工作者的這一本，談的都是日常工作的瑣事，雖然名為瑣事，但是曾國棟認為瑣事也有講究，一樣是每件瑣事都要把它做對、做好，這樣就能夠出現出人意外的成果，他認為只要每天成長一％，一年就會有三十七倍的成長。

全書分成四章：第一章是自我修練的心法，講的是工作態度及如何修心養性。第二章是職場的重要觀念，講的是在工作中應該要注意的事。第三章是工作技能的精進，講的是職場中常需要用到的工作技巧，如何進一步精進。第四章是影響成敗的關鍵，講的是工作者工作時會遭遇的困難，以及如何克服困難。

全書用一篇篇簡短的文字，每篇講透一件事、一個道理，讓讀者可以隨時進入閱讀，極易消化吸收。

第二本是給管理者的一％精進思維，一樣從小事下手探討，只要做好每一個管理細節，就可以提高組織的整體效率。

全書也分為四章：第一章是管理的觀念及應用，談的都是管理的基本觀念。第二章是人才與組織，講的是如何建立組織以及吸引人才、育才用人。第三章是領導與溝通。第四章是創新服務，創新是主管責無旁貸的工作，告訴主管如何啟動創新。

這兩本書是極有用的自我修練書籍，值得每一個工作者閱讀。

推薦序

用心做人做事

劉忠繼／好好聽文創傳媒總經理

二〇一九年底，我在新竹ＩＣ之音廣播電台主持的節目「贏戰．企業＋」，透過陳來助先生介紹，邀請到曾國棟董事長來上節目接受訪談。我們以他那本新書《商學院沒教的三十堂創業課》為基礎，談他的企業經營心法與理念。

在此之前，我只慕名，但從未見過曾董事長。因為在ＩＣ之音主持節目的關係，多少涉略科技產業與企業數位轉型相關訊息，對曾董的友尚集團及台灣大聯大，也僅止於產業訊息上的認知而已。在訪談前的預習功課，無論是曾董的著作或友尚集團的公司介紹裡，處處可見「多一小步服務」、「六心服務」等字眼，因此對這位企業家如何經營事業、如何成功的過程，有著很大的好奇與急欲探索的心情。

在近九十分鐘訪談時間裡，面對我各式各樣的詢問，曾董始終維持著笑容，以他那低沉Bass嗓音，清晰有條理地述說著他的故事及理念。一開始，我沒有把重點放在財務規劃、市場經營或行銷策略上，我以「用心」切入主題，他以多年前家族赴日旅遊，住宿於加賀屋所享貼心服務為例，說明他所受到的啟發。因為看到加賀屋從總經理到一線服務員、從接機送機的體貼入微，讓曾董產生一種內在變革的力量，因此熱心、誠心、用心、恆心、貼心、歡心的「六心服務」就成了友尚的經營目標之一。

這回在新出的兩本書中，他依然以熱情、快樂與貼心的服務心態來貫穿經營心法。對各階層工作人員，他說「找出動機，用熱情驅動工作力」。在熱情之中培養主動精神，他說「主動創造回應，回應不好等於服務不佳」。在傳統服務業裡，人際溝通與當面應對服務是業務成敗的重要關鍵，但面對數位化浪潮，許多企業在進行數位轉型的改造過程中，改變以往產品製造思維，改以顧客滿意導向作為組織變革的基本原理，其實就是體現這種主動創造回應的理念。因為無論是深化老顧客的經營或開拓新顧客的廣度，無非是要創造每一個接觸點，並藉著接觸的節點，確確實實地做好客戶的滿意體驗。在數位經濟裡常說的訂閱、導流、導購等，其實每一個環節的關鍵都在於貫徹主動回應，並設計出完美的客戶滿意流程規劃。

另外對於管理者，他特別在人才與組織篇章裡提到重要理念：「看不見的競爭力：重視與人相關的事，也重視感受」。他很重視公司同仁的感受，因此他要求包括他自己在內的公司高階主管要將心比心，設身處地了解基層員工心理狀態，這些工作落實到座位安排與參加同仁們的婚喪喜慶等事務。進入二十一世紀，無論大型企業或新創知識型企業，為簡化營運成本及工作流程，組織內部管理多半採結構式硬性設計，通常的說法是依照制度或規定辦理，但就在就事論事、照章辦事的辦公室空間裡缺乏了人味兒。曾任教於哈佛商學院（Harvard Business School）的麥克．瓦金斯（Michael D. Watkins）教授在《從新主管到頂尖主管》（*The First 90 Days*）一書裡說到，領導人在鼓舞人心的做法上有一項很重要：讓員工成為故事的一部分。在此延伸的想法就是重視員工，也就是在硬性的制度外，找尋員工的故事，成為激勵團隊成長的要素，培養員工的忠誠度與向心力。友尚從一九八〇年創立至今，期間經歷各種不同經營環境及條件的考驗，曾董在新書裡仍反覆強調「主管對屬下噓寒問暖，照顧屬下的需要」等等溫馨訴求，在這百年大疫艱困期間更顯彌足珍貴。

檢視曾董從創業迄今，以及友尚歷經上市後又併入大聯大的過程，走過了台灣經濟發展的各個重要轉型階段，同時也面對過兩岸、全球政經劇烈變動的時刻。我在訪談裡，以及事後的數次當面請益中，雖未聽到他談如何闖過每一個艱辛挑戰，但從他過去的經營軌跡及新作，可以體會出這些經驗與心法是錘煉出來的精品，也是禁得起時代變動考驗的精華。

幾年前，史丹佛大學（Stanford University）心理學教授卡羅．杜維克（Carol S. Dweck）在她著名大作《心態致勝》（*Mindset*）中，以「成長型心態」讚許奇異（GE）前執行長傑克．威爾許（Jack Welch）經營企業與對待員工的態度與做法，就是傾聽、歸功與栽培。引述傑克．威爾許的話說：領導人真正的自信是：有勇氣敞開心胸，歡迎改變和新點子，不論它們源自於何處。曾董在訪談中曾談到學習新知的態度，還有在面對新競爭態勢時，必須做出與大聯大合併的抉擇。我在他新作裡看到「合理懷疑內、外部意見，不輕率照單全收」，以及「了解特性，適才適所，幫屬下創造平台」等等面向，既印證著成功企業家的器識，也為成功領導人的「成長型心態」落下了具實寫照。

前言

以分享為宏願，小故事大啟發

整理心得，實現無私分享心願

在我的職場人生中，第一、二份工作缺乏系統性訓練，只靠師徒制的跟班機會教育，以及自我摸索學習，總覺得有些緩慢及學習障礙。因此我暗暗發了一個心願，以後有機會一定將經驗整理成文章，一方面傳承經驗給公司同仁，一方面分享給外界需要的人。

一九九五年開始，我陸續整理了十幾萬字初稿。後來從二〇〇七年至二〇一三年，又投入六年時間，每兩週花兩小時，透過我口述，由編輯者加以整理，成為六十萬字的三本分享工具套書，內容包括了實務篇、觀念篇、經營篇。除了作為公司內部經驗傳承外，也捐給電子零件公會及中華經營智慧分享協會付印，嘉惠有需要的學習者，包括同業及非同業。

商周出版也從其中摘錄，出版了四本書：《讓上司放心交辦任務的ＣＳＩ工作術》、《比專業更重要的隱形競爭力》、《王者業務力》、《想成功，先讓腦袋就定位》。二〇一九年，又將輔導新創企業心得加以整理，出版了《商學院沒教的三十堂創業課》，實現了我之前立下的無私分享心願。

快樂存乎一心，分享助人真快樂

某些朋友剛認識我，會覺得我這人很奇怪，到處去分享企業經營、管理、服務的知識和理念，甚至業務的祕訣，許多行程都是當志工，屬於義務性質，不但沒有酬勞，自己還要貼上時間和心力，開車或搭車前往，講幾個鐘頭站得腿都酸了。他們覺得無法理解，對我說：你為什麼這麼傻？把這些時間用來打球娛樂，輕鬆愜意享受人生不是很好嗎？

其實，深入認識我的人就會了解，我的快樂來源不一樣。因為我天性熱愛挑戰，無論當業務員、經營企業，都不斷設法達成雙贏、三贏，而且以此為樂，如果把一項難題挑戰成功，充實的成就感是不可言喻的。

分享經營智慧，讓台灣的企業提升，就是我人生的一項新挑戰與志業。這當然不容易，跟一百個人講，也許二十個人能吸收一部分就不錯了，而且只能執行其中的二〇%。但我認為「分享不累」，因為我的價值觀就是如此，從不怕難，幫助人成功就有快樂！

有些朋友也會問我，整理教材很花時間，稿費沒多少，又捐出去，幹麼那麼累？但他們不知道，其實我降低了期望值，只要所寫的內容中，其中一些心得對一小部分人有幫助，就值得寫了，這就是「分享」的快樂。累與快樂就在一線之隔，快樂存乎一心，我自許是知識文化志工，樂趣就在整理的過程中油然而生。

本書緣起：職場思維的分享、啟發與延伸

年過七十，我一直在思考可以幫社會做什麼事？看到一些成功的企業朋友，有的半退休，有的已退休，他們都有很豐富的經驗及資源，也有時間及熱情願意幫助他人。同時我也看到一些轉型期及成長期的企業主，需要被輔導，但缺乏平台將他們串起來，於

是興起了成立經營智慧分享平台的念頭。正巧碰到有辦私董會經驗，而且有執行能力的徐竹先，就邀集了三十幾位共同發起人，於二〇二〇年初成立了中華經營智慧分享協會（Management Intelligence Sharing Association），希望集結眾企業家的經驗智慧，有系統地分享與傳承。

有了這個念頭及目標，我就更積極參與各種分享活動。感謝好友陳來助的引薦，二〇一九年底應新竹ＩＣ之音的邀請，將《商學院沒教的三十堂創業課》書中局部內容錄製播出，由資深主持人劉忠繼採訪，李知昂負責錄音，因此認識了李知昂。他告訴我他也有寫作的經驗，於是就聊到我想將一些職場經驗寫成書的構想，最後決定透過小故事大啟發的手法，用輕鬆的方式，從小故事寫起，再將故事背後的啟發及迷思，延伸至職場及管理的思維。這也算是無心插柳、心想事成的意外收穫。

本書的題材都是我在日常生活，以及職場上發生的故事。藉這些故事的啟發及延伸的思維，希望可以讓讀者體會到「職場全贏思維」，讓自己成長，讓同仁喜歡您，讓老闆賞識您，讓客戶／供應商滿意您，也讓家庭更和樂，自己也更快樂。

章節的安排：工作者與管理者的八大類職場祕訣

原本在寫小故事時，一想到就先寫。寫好的部分，《經理人》雜誌也作局部刊載。等到寫了五十多篇時，才依文章屬性分類，共分為八大類。

最後總共整理了八十篇文章，又面臨資料量太大，編輯成一本書不好閱讀，決定從工作者及管理者角度切割成兩本。但其實工作者可能現在就是管理者，或未來會升為管理者；管理者又是當然的工作者，兩者真的是密不可分。

由於每篇文章都是獨立的小故事，您可以依屬性類別順著看，或先挑有興趣的類別看，當然也可以一篇篇挑出感興趣的小故事看，均不影響閱讀，彈性較大，也沒有先後順序的問題。邀請大家自由選讀各篇，從中輕鬆地吸收。

致謝

我要感謝我生活中的夥伴，她是我太太，也是我創業的貴人。本書中有多篇是她的故事，在生活中，她也經常有意無意間糾正我的觀念，好像是我的一面鏡子，給我許多的靈感及啟發，有時候又扮演我生活上導師的角色。

還要感謝編輯李知昂，他利用空檔整理本書，因為要照顧剛出生的小孩，常常要等小孩睡著了才開始熬夜整理。在肺炎疫情期間，我們經常要利用假日的空檔校對稿，他一邊要哄小孩，一邊要跟我校稿，真的辛苦他了。

終於又完成了一件分享心願，希望本書對讀者有些啟發作用。

曾國棟

第一章
自我修練的心法

1 找出動機，用熱情驅動工作力

熱愛地球的LED業務

曾經有一位LED燈的業務員來行銷產品，希望我們公司原本的日光燈可以換成他們的LED燈具，不需要付錢買，只要把節省下來的電費七成撥給他，條件非常好。但是在當時，因為公司馬上要搬家，我們並不考慮。可是對方仍然非常積極，希望我們幫他介紹客戶。我看他如此積極，就好奇問他的動力是什麼？

他說，幫地球節能減碳是一件偉大的事。每談成一筆生意，可能就等於幫地球種了很多棵樹，自然激發出他的熱情。同時賺了錢，可以供應妻子的生活、奉養父母、買房子、供孩子讀大學等等。這就是他的願景。

從一故一事一中一得一到一啟一發

有動機有願景，才能樂在工作

這位業務員如此有動力的理由，第一，是他背後有偉大的願景，要幫助地球。第二，他有賺錢的動機。多賺一點錢，能夠讓小孩子過得好，讓父母過得舒服，讓孩子可以去念書，或太太的手頭寬裕一點，這也很值得肯定。

無論如何，要產生熱情，必須要有願景或動機，讓人樂意去做他的工作，這樣才能夠產生原動力。

缺乏熱情，能力無用

即使一位員工具備很多能力，如果他缺乏「熱情」，沒有先愛上工作，沒有先愛上公司，這些能力都沒有用，因為他缺乏了推動自己工作的「原動力」。相反地，有了熱情，他會自然流露出親和力，所以「熱情」是一切的起點。

如果一個人帶著熱情工作，就不會輕易被挫折打倒，即使被客戶拒絕，還是積極面

對。這樣的人，也會願意在工作上多付出一點努力，而不會只關心是否獲得立即的報酬，最後，當然他自己的收穫也最多。

動機不受限，驅動熱情就是王道

熱情需要一個動機來支撐，要不然你往往會覺得，反正我多賺也沒用，好像只是為了老闆而做。如果缺乏動機，就會停在那邊不動。所以**談到原動力，請一定要想一想，找出支持你工作的原因，才會產生熱情。**

即使賺錢本身，也是一個好動機。不是為了錢就好像很低級，絕對不是的，因為賺了這些錢，你就可以去幫助家庭、幫助父母、幫助他人，那也是很偉大。

支持熱情的動機完全不受限，無論是為了錢也好，為了地球也好，為了太太也好；或者你覺得非常感激你的老闆，所以一定要幫他做；或者你很欣賞這家公司，希望它越來越好，都可以。

動機隨著階段性需求改變，以點燃源源不絕的熱情

如果動機達成，奮鬥的動力就會消失；所以要不斷找到下一個動機，才能點燃源源不絕的熱情。以我為例，就分階段為自己找到努力的動機，一開始是賺錢、買房子、買車，後來就希望我創立的公司員工都能幸福，也讓公司上市櫃追求進一步發展。

接著，我期待公司在專業領域達到世界第一，跟大聯大控股整合後也達成了。之後我的角色轉變，在公司日常營運上不用再花那麼多時間，我就投入分享經營智慧的志業，回饋社會。總而言之，每個階段都有新目標，就能讓人熱情不減。

以公司為平台，也是累積自己的資產

公司是自我成長最好的平台。所以，不要吝於付出熱情，而是在公司儘量學習、儘量努力。

只要帶著熱情去做，你的工作表現自然傑出，主管也樂意交給你更多元的工作，讓你培養優異的能力，甚至派你出席許多重要場合，接觸更多的客戶、供應商……。這些成果，到頭來都是你自己的資產。即使有一天離開了公司，它還是屬於你的。

藉著熱情，戰勝懶散或嫌麻煩的心態，做好公司分派的任務，你自己的無形資產一定會增加。

歡心多做一小步，產生正向循環

有了熱情為原動力之後，自然而然就會覺得，去做某項工作是快樂的，也就是帶著「歡心」在做。

這時候，多一小步服務的原則，對你就會產生很大的力量。因為有了熱情作為原動力，每一件事情你可能願意多做一小步，多做一小步以後，就有機會得到更多的正面回饋，讓你更有動力做好服務，態度也會更佳。這種正向的循環是環環相扣的，不斷正增強之後，你自然會成為傑出的人才。

熱情與歡心，可說是一體兩面，也是多一小步服務的核心動力所在。

熱情利他又利己，快樂存乎一心

與人的相處也一樣，當你帶著熱情幫助別人，別人因為你幫助他，會感到很快樂。其實你自己在助人的過程中，也是快樂的。因為你看到受幫助的人快樂，自己的心情也高興起來，兩者是彼此帶動的。

有人也許會問，助人要付出時間心力，不是很辛苦嗎？為什麼會快樂呢？其實，快樂與辛苦是一體兩面的，別人不能決定你快樂與否，只有你自己能決定。

我經常去分享企業管理與服務的經驗，要準備講稿，要開車去，每講一場要站三四個鐘頭，別人覺得我很傻，為何不去遊山玩水？其實他們不曉得快樂在哪裡，才會覺得我傻，我自己卻知道這樣做是幫助人，符合我的願景，我很快樂。

在辦公室也一樣，幫助別人確實辛苦，如果只為了混口飯吃，強迫自己這樣做，那是很痛苦的。但**若是為完成願景，或達成自己內心的動機，歡心去做，就不覺得苦，反而會快樂。**

結論

找出動機與願景，點燃工作熱情

- ◆熱情是工作與服務最大的原動力，能夠將人導向成功。
- ◆無論以賺錢、幫助家人為動機，或以拯救地球等大目標為願景，一定要把你工作的動機、願景找出來，才會產生熱情。
- ◆隨著階段性的需求，動機是可以隨時改變的。如果動機達成，奮鬥的動力就會消失；所以要不斷找到下一個動機，才能點燃源源不絕的熱情。
- ◆熱情利他又利己，熱情工作，累積的資產是自己的；熱情助人，帶來的快樂也是自己的。點燃熱情，何樂不為？

2 樂業的最高境界：挑戰及打造「三贏」局勢

樂業不畏挑戰，工讀生終成內閣大臣

有位女大學生利用假期到東京帝國飯店打工，本想學習飯店行政的工作，沒想到進了她嚮往的五星級飯店，第一份工作竟是掃廁所！

掃廁所的第一天，她差點嘔吐，勉強撐了幾日，實在受不了，於是她決定辭職。就在這個關鍵時刻，她驚訝地發現，和她一起工作的一位老清潔工，居然在清洗完成後，從馬桶裡舀了一杯水親自喝下去！老清潔工更自豪地說：「我清理過的馬桶，是乾淨得連裡面的水都能喝的！」

女大學生深受啟發，非但不再提辭職的事，反而視廁所為自我磨練、提升的道場。終於，到了假期結束，經理驗收考核成果的日子，她當著眾人的面，從她清洗完成的馬桶裡舀了一杯水喝了下去！這件事讓經理印象深刻。

畢業後，女大學生果然順利進入帝國飯店工作。憑著敬業、樂業的精神，三十七歲以前，她成了帝國飯店最出色、晉升最快的員工；三十七歲以後她步入政壇，更得到首相賞識而入閣。這個從工讀生做起的傑出女性，就是日本前內閣郵政大臣野田聖子。

從故事中得到啟發

從基層到高層，不可或缺的樂業精神

這個故事的啟發在於，無論掃地、管庫房，或是掃廁所，這些工作都是公司任務的一環，不要瞧不起它。無論你是主管或同仁，層級有多高，都要肯定這些「看似低微」的工作，也要看得起做這些工作的人。沒有他們，公司的運作也難以順暢。

公司培養人才，有時甚至故意讓你從最基層做起，給你機會體驗基層的辛苦，或從中觀察你做事的方法、心態，是否吃得了苦？此時，基層工作就成了一項考驗，若你能突破心理的掙扎，以敬業、樂業的精神把它做好，之後就可能被拔擢到高階的職位。

樂業的最大動力之一，就是克服挑戰

職場上充滿「永無止境的挑戰」，不同層級有不同的難題，可不只是掃廁所難適應而已。當你是基層業務員，有一大堆問題要處理；當你升到經理或副總，也同樣會有一大堆疑難雜症。我以前常想：當我有足夠的幹部，應該可以輕鬆點。其實不然，更多的幹部也會帶來更多需要討論的問題。即使找到得力助手，接手你日常運作的公事，卻又有更多其他的事情待辦，永無止境，問題絕對是一個接一個。

此外，絕大多數的員工往往會有職業倦怠症的時期，當你任職某一行業或職務一段時間後，可能就會想換個行業或職務。正所謂「做一行怨一行」，老是羨慕別的行業或其他的職務比較輕鬆，或比較有前途。但是，當你有機會轉換之後，過了一段時間，卻會發現自己又落入一樣的倦怠症。

其實，每個行業或職務都有它的酸、甜、苦、辣，一般未踏進去之前你總以為是甜的，進去之後才發覺原來它也有苦辣之處。換言之，如果你沒有辦法在工作中找到樂趣，任何工作都將會是枯燥的。

所以，**一定要設法讓自己在工作中找到樂趣，不論這樂趣是學習之樂、同事相處之樂、成就之樂……都無妨。**以我個人來說，我最大的快樂是：挑戰及達到「雙贏」、「三贏」的快感。**將困難挑戰的發生當成自然現象，勇於面對，勇於解決，就能享受作為一位職場人的價值與成就感。**

創造雙贏、三贏，機會處處都有，更是樂業源頭

所謂「雙贏」、「三贏」的定義，並非是單線指業務員與供應商或客戶之間的關係，還擴及到公司同事、不同部門之間、周邊廠商、銀行等，只要你能居中協調讓對方滿意，你也滿意，甚或三方滿意，就是「雙贏」與「三贏」！

特別是通路服務業的業務員，本身就是一片夾心餅乾。價錢賣太貴，客戶抱怨，不易成交；價錢太便宜，公司主管不高興，供應商也可能不交貨。

訂單拿太少，業績不佳；訂單拿太多，卻又可能會面臨交貨或是客戶額度超過等問題。交了貨，則開始擔心品質問題；一切都過關之後，又得開始擔心收款以及如何為客戶備料等問題；當然在此同時，還得繼續開發新的訂單！

問題一個接著一個，可說是接踵而來，因此業務員必須把「快樂建立在解決問題之後的快感與成就感之上」。**特別是當你能夠做到Win-Win，就不會感到痛苦，因為大家都會很開心，甚至感謝你。可見「解決難題，達成雙贏三贏」，實在是業務員的一項快樂源頭。**

更何況，只要你的定義夠廣泛，幾乎天天都會發現很多達成「雙贏」、「三贏」的快樂機會存在，例如：說服兩個同事友好；說服其他業務員改變觀念；訂單報價高又得到客戶的感激；說服客戶又說服PM接受以清除庫存……，日常工作中，幾乎有無所不在的「雙贏」、「三贏」快樂機會等待你自己去體會。

只要你能徹底想通這一點，在情緒上就可望得到比較好的平衡，也可以打開許多不必要的心結，讓你永遠有衝勁，真正達到「敬業」、「樂業」的境界。

享受無中生有的過程，化不可能為可能

我在公司，常對策略開發部的同仁說：「你們一定要懂得享受『無中生有』的樂趣！」什麼是「無中生有」呢？比如說：當你在A部門開會所聽到或看到的議題，進而

能聯想到K部門或C部門某些相關的元素或能力，似乎可以整合起來再利用。甚至對外也可將相關供應商、客戶，甚至某些廠商不同技術或能力結合起來，共創一種新的策略聯盟模式或是商業模式。

凡是在既有的模式之外，透過原本看起來不相關的元素予以連結，將數個不同的資源設法整合，開發出新的產品或生意模式、策略聯盟合作模式……等，這就是所謂的「無中生有」。

跟創造「雙贏」、「三贏」一樣，「無中生有」的機會也是無處不在的，可能是開發一個新的客戶、代理一個新的產品，也可能是胼手胝足、從無到有地創立一個新的部門。只要是原先沒有，經過你的努力、促成，而使其成立或存在，這種「無中生有」、**「將原本不相關變成相關」，甚至是「將不可能轉化為可能」的過程，都是職場人最大的成就與樂趣的來源，也是相當可貴的一種經驗。**

成功的關鍵重點，就在於你的觀念、態度、好奇心、不畏挑戰與「連連看」的聯想能力。**看見任何事物，都要隨時自問：「為何我不這樣做？我身邊的資源是不是有組合在一起的可能？」**這種「連連看」的過程，除了需要高度的聯想力與敏感度外，回過頭來，還是需要各位能享受「無中生有」所帶來的成就感，才會有動力隨時動腦連結，發現創新的組合。

快樂是自己定義，而非他人定義的，對於一項工作挑戰，只要感到高興去做，你就快樂；心不甘情不願，就感到痛苦，完全存乎一心。所以，**我常告訴自己：只要在工作上能夠往前進展，我就比其他人更強，也比昨天的自己有成就。藉此讓自己「樂在其中」，產生「敬業」、「樂業」的動力。**

結論

迎向挑戰，跨域連結，達到樂業境界

- 一定要設法讓自己在工作中找到樂趣，並將挑戰的發生當成自然現象，勇於面對，勇於解決，就能享受身為職場人的價值與成就。
- 當你能夠做到Win-Win，就不會因為問題而感到痛苦，因為大家都會很開心，甚至感謝你。可見「解決難題，達成雙贏三贏」，實在是快樂的源頭。

◆凡是在既有的模式之外，透過原本看起來不相關的元素予以連結，開發出新的產品或商業模式……等，就是所謂的「無中生有」，帶給人極大的成就感與樂趣。

◆做好心理建設，告訴自己，只要工作能夠往前有進展，你就比其他人更強，也比昨天的自己更有成就！讓自己樂在其中，終能達到「敬業」、「樂業」的境界。

3 人非萬能，誰都可以被取代

主將離職，業績反創新高

友尚的共同創辦人和我，在出來創業之前，本來都在一家零件通路公司上班，合作長達五年。我們兩人都算是公司的主將，我負責外銷的ＯＥＭ專業代工客戶，他負責台灣的內銷客戶，頗受公司器重。

後來共同創辦人先自己出來創業，半年後我也離職，加入他的公司一起創業。當時我想，兩大主將先後離職，老東家的發展可能會受挫，所以三個月以後，打電話回去問問狀況，沒想到答案是公司發展還不錯。我心裡就有點不是滋味，暗想，為什麼兩個主將走了，居然生意還不錯？

又過了三個月，我不死心，又打電話回去，覺得那家公司可能業績會下滑。不料得到的答案竟然是：公司業績創新高！我心裡就滿受傷的，覺得怎麼會這樣呢？

從一故一事一中一得一到一啟一發

你的強大是因為公司在背後撐腰

這故事的啟發是，人都可以被取代。當你在公司的某個崗位上，表現不錯，可能覺得自己很偉大，自以為不可取代。其實當你離開以後，組織自然會調整。

雖然以前我是老東家的主將，許多客戶向我採購，但跟我個人的關係不大，而是因為公司有財力、有庫存、有代理權、物流等優勢條件。我想在其他的公司，情況也差不多，個人英雄主義顯然是一種迷思。

不要自命非凡，要重視團隊合作

在公司裡自以為重要的人，要建立一個觀念：**因為你在目前的職位上，而且擁有許多資源，所以你才重要。**自以為你離開之後，別人取代不了，這是錯的。許多高階主管往往是離職之後，自己創業才發現資源不足，處處困難，遇到許多挫折，才真正體會到這點。在企業界，像這樣的故事不勝枚舉。

因此個人要更加謙卑，重視團隊合作。千萬避免表現出不可一世，非你不可的態度，甚至把所有功勞攬在自己身上。

表現優異的主管或同仁尤其要留心這點，談成一筆大生意，絕對是團隊通力合作的成果。公司可能把功勞歸給主談者或負責人，給他們的獎勵也最多，然而許多後勤支援都是成功的因素，個人不但在言語、態度上要感謝所有團隊成員，甚至要有具體行動如請客分享，與大家同樂。

當高階主管接受外部獎項或媒體採訪，享盡光環的時候，更要記得肯定團隊的貢獻，因為這些成果，不是靠一個人就能達成的。

當人才流失，不要太過憂慮

體會到「人可以被取代」，擴充事業就不會被「人的問題」卡住。要知道，擴充事業可能造成人才流失，因為原有人才可能無法適應新任務、新環境，或是抗拒外派等等，都可能會離職。不要因為擔心這些狀況而退縮，相反地，當公司業務發展起來，應該勇於擴充。

同樣地，公司因為策略要考慮購併時，也不必對購併造成的人才流失太過憂慮，甚至裹足不前。

人才的流失是正常的。當然在購併時，我們要留心雙方組織內主管、同仁的感受，盡可能將人才留下來。但即使做了這一切努力，人才流失仍然會發生。

不過，**即使流失了三分之一，公司還是可以運作，甚至繼續成長**。短期內也許你會覺得，某些重要職位少了經驗豐富的好手，對業務造成影響；但**長期來看，仍然可以藉由內部升遷，或是外部聘人來補齊**。

適度人才流失未必是壞事

即使沒有併購或大的變動，公司的關鍵人才還是可能因為各種因素而離職，這時候不需要太過緊張。

沒有人是不能取代的，當關鍵人才離開，不妨敢於授權，配合適當的心談、輔導與經驗傳承，讓底下的人接手。往往過了一段時間，**底下的同仁也會被迫加速成長，學到該怎麼做，如果表現相差不遠，就可以讓他們頂替上來**。即使犯錯，跌倒後爬起來，他們也會慢慢長大。

進一步想，適度的人才流失，可能不是壞事。如果人員都不流動，底下的優秀同仁因沒有機會升遷，缺乏學習的機會，可能掛冠求去。**有流動，才能帶來升遷，進而讓中高階主管出現年輕的新血，帶進新的觀念與做法。**

平時要有層次地儲備人才

更進一步，主管平時就要從組織面思考，是不是在人才與職級有「層次」，例如處長、經理、副理、課長，各有不同的經驗與能力，層次分明。

如果發現有斷層，就要趁著面試、進用、培養人才的時候，把組織的層次建立得更完整。如此一來，即使某個層次的主管離開，讓組織產生空缺，也會有合適的人才可以暫代。甚至，該主管職也可直接考慮從內部拔擢，而非只能從外部空降。

結論

重視團隊，敢於授權，無懼人才流失

◆人都是可以取代的，所以對自己、對他人，都不必有「明星」迷思，覺得非我不可，或沒他不行。同時，這觀念也讓我們自己更謙卑，重視團隊合作。

◆事業擴充或併購，都可能造成人才流失，不必為此綁手綁腳。只要策略上需要，就該放手去做。

◆重要人才離職，不要太緊張。人都可以取代，不妨授權底下的人接手。只要主管不嫌麻煩，積極心談、輔導與經驗傳承，可能讓團隊戰力更強。

◆只要平時有層次地儲備人才，適度人才流失並不是壞事，反而讓新血輪有更好的職涯發展機會，長遠也可能有利於公司。

4 心想事成的祕密：走出去，說出來

一場飯局促成一本書

說到各位手上這本書的由來，是因為一場飯局。當時我正想寫一本以小故事為引子，分享服務和管理心法的書。但是我自己一個人寫，時間不夠，需要一位作家跟我一起完成。

我也不知道上哪去找這位作家，剛好二代大學校長陳來助邀我去新竹車庫餐廳的講堂演講，我講了一個故事，標題是「心想事成的祕密」，說到有個朋友是玩石頭的，他相信晶石有磁場與電波，可以幫助人心想事成。他並稱讚我有「與生俱來，心想事成的超能力」，說我每次想做的事情，都會自然地透過腦波傳播出去，與別人產生耦合，別人就會來幫我忙。

我不太相信這個說法，我認為心想不會自動事成，靠磁場與腦波也沒有用。事情成不成，跟你的行動有關。主動走出去，積極參與活動、跟人互動，而且把自己心裡想的需求勇敢地說出來，別人就有可能幫助你。如果再加上你樂於助人，得到幫助的機會就更大。

我講完之後，跟聽眾一起聚餐。那時候有個人跑到我旁邊，邀請我上新竹ＩＣ之音的廣播節目，我覺得分享經驗也是助人，於是答應了。

一般來講，可能談到這裡就結束了。但既然一起吃飯聊天，我就主動提起，我想寫一本書。沒想到那位廣播主持人居然說，他們電台出過六本書，是清華大學彭宗平教授規劃內容，訪問各界專家，再由他撰寫完成的。而且他自己還出過好幾本小說。

後來進一步洽談之後，我覺得這個人很適合，決定找他合作。他就是幫我一起完成這本書的李知昂。

從｜故｜事｜中｜得｜到｜啟｜發

說出需求，創造機會

這段經驗的啟發是，李主持人會得到共同寫書的機會，是因為聽了我的分享之後，產生行動，走到我身邊說出需求，積極邀請我上節目。

我想要寫書的念頭可以實現，也是如此。李主持人並不知道我想寫書，我也想不到廣播主持人會有寫作的經驗，但我主動說出需求，就創造了合作的契機。

心想不會事成，走出去說出來才會事成

我能夠經常「心想事成」，不是我有什麼超能力，是因為當我碰到一個新朋友，我會把心中正想做的事情，或者我需要人家幫忙的事講出來。同時我會問對方，你在做些什麼？

這樣做，對方或許就有辦法來幫助我，這就是「走出去，說出來」的力量。當你走出去拓展人脈，把自己想做的事說出來，就能開發新的機會。

走出去：樂於分享，和人群互動

人與人的互動，是心想事成的一大關鍵，平時就要養成和其他人交流的習慣。不只是對於新朋友，而是對所有人際關係都如此。

尤其，當你有任何需求，或是在工作、生活上遇到瓶頸與困擾，思緒一時被卡住，不得其解時，**一定要「走出去」，透過各種機會與拜訪，積極地和你的人脈網絡分享、請益。**

說出來：積極提出需求，才能帶來回應

只有當需求被說出來以後，才可能帶來更多回應，進而解決問題。

所以，若你在規劃某個方案，不妨將心中的藍圖或初步想法與其他人談談，讓方案更趨完善，也可能因此獲得更廣泛的資源。當公司缺乏某類人才，也可以在碰到的人中間積極散佈需求，無論吃飯、打球，都不要放過。

公務如此，生活也一樣。比如病痛、腰痠，我都會用開放的心態說出來，或許就有

人跳出來介紹一位名醫，藥到病除。

如果不敢說出來，問題可能會困擾你很久，甚至永遠找不到答案。相反地，若將需求說出來，不斷地講，不斷傳遞，解決需求的方案就可能浮現。

人脈要刻意經營，間接人脈也不可忽視

一件事情要成功，靠自己力量是不足的，有些事情你也不懂，需要別人的資源或經驗來幫助你。因此，人脈絕對是心想事成的關鍵。

但人脈不會自己來，需要刻意認真經營。首先是改變心態，認知到人脈的重要，以免你採取跟人脈經營背道而馳的行動，例如不想接觸陌生人，甚至連熟人都躲。

此外，別忽視間接人脈的力量。有些人一兩次說出自己的需求，沒有得到答案，就失望退縮了，實在可惜。若是多傳遞幾次，旁邊的人聽到，即使他本身幫不上忙，但他可能會協助介紹另外一個人，一傳十，十傳百，說不定事情就成了。

因此，你甚至可以放出訊息，主動請人幫你介紹間接人脈。

廣結善緣，積極參與活動

對我而言，心想事成的真正定義，是心想之後，採取行動身體力行，經過一連串人與人的互動、碰撞，才讓事情圓滿達成。

一個重要關鍵，**就是平時積極參與各項活動**。比如客戶或廠商舉辦的研討會、展覽、餐會、球敘，或是小型團體的聚會、讀書會等。透過不同的管道和觸角，認識不同領域、專長的朋友，一旦我們有任何需求，就能找到專家請益，也能建立更多生活、工作上的連結。

自助、人助、天助

「心想事成」最主要的原動力還是在自己。一旦確立目標，自己必須用心搜尋相關資訊，努力聯繫一切可接觸的管道，設法促成。

只有自己將功夫做足了，率先去做、去想，旁人的助力、天賜的良機才會真正發揮綜效。所以，**千萬別只動口，不動手**。

樂於助人，可生無心插柳之效

當然我也鼓勵你，養成習慣主動關心，對別人的活動熱心參與，盡力解決他們的問題或幫忙介紹資源。樂於助人，有一天別人也可能幫助你。

更高的境界，不是想著要受人回報，才去幫忙，而是單純地關心與熱心。無心插柳柳成蔭，更讓人生充滿驚喜！

結論

走出去，說出來 Go out. Speak out.

◆養成習慣，多走出去結交人脈，把自己想做的事說出來，就有機會促成。

◆別小看這份力量，因為人脈是一個網絡。走出去認識一個人，他不但自己可能幫助你，背後還可能有幾十個朋友，讓你獲得有效的人脈。

◆光是心想不會事成，要採取行動，Go out. Speak out. 才會讓心中所想成真。這就是「心想事成」的背後祕密，很難嗎？一點也不！

5 先說對不起才是贏家，活用思維模式解衝突

不吵架的祕訣：先說對不起

兩戶人家住在隔壁，王家經常爭吵，陳家和樂融融，王家的媳婦就跟陳家的太太請教，為什麼他們家不但婆媳處得好，全家人都不吵架呢？

陳太太回答說，那是因為我們懂得說：「都是我的錯。」

王太太還是聽不懂，直到有一天，她站在矮牆邊晾衣服，看見隔壁陳先生從田裡回來，可能因為太累，直接坐到板凳上，一不留神就把擺在板凳上的豆腐坐壞了。王太太心裡想：「好哇！這下看你們會不會吵架？」

沒想到陳太太一出來，看到丈夫坐壞了豆腐，馬上說：「對不起，都是我的錯，我進去拿東西，不小心把豆腐隨手放在板凳上，害你坐到了，真不好意思。」

陳先生也說：「不不，都是我的錯，是我自己莽莽撞撞沒看到，不能怪妳。」

話還沒說完，陳家的婆婆跑出來：「兒子啊，不能怪媳婦，都是我的錯，是我叫媳婦進來拿東西，她才會把豆腐先放下的。」

沒想到連陳老先生也跑出來，大喊：「兒子啊，別錯怪你媽，是我要你媽幫我做事，她才把媳婦叫進來的！對不起，都是我的錯！」

王太太馬上懂了，原來這一家人總是先說對不起，承擔錯誤，難怪他們從不吵架。

小綿羊與計程車

我剛結婚的時候，年輕氣盛，比較會生氣、跟太太口角。一開始，太太百依百順，就像小綿羊，會先擺低姿態，做一些小動作安撫我。

日子久了，她經常這樣受氣，漸漸不願意再當小綿羊。就算我生氣了，太太也不理我。一開始我也不理她，後來發現這樣不行，變成我自己要調適。

於是我轉換一個想法，我生氣，她不理我，不就等於生氣沒有用嗎？還不如不要氣了。後來漸漸調整，我也有所改變，就覺得沒有那麼多事情值得生氣，有時候反而是我先道歉。

還有一件事，也跟這個話題有關。有一次，我跟太太一起開車出門，一輛計程車撞上我們的車，損傷不大，但應該是他的錯。可是我看對方來勢洶洶，我不想跟他爭執，反而賠對方五百塊獲得和解。

太太說我是非不明，我也沒有生氣。想想看，為什麼？

從一故一事一中一得一到一啟一發

爭是非，不如選擇最利己的解方

這些故事給我的啟發是，先說對不起是贏家，當我們與旁人想法不同，或有些不愉快，不妨及早改變自己的想法，做好調適。

至於計程車的事，太太說我是非不明，其實沒有說錯，我也不必生氣。講道理論是非，應該是司機要賠償才對。只是我的觀點不同，我不計較五百塊，因為退讓一步，我可以買到更有價值的東西，那就是我的時間。

放下面子，贏得生意

能夠管理自己的情緒，放下面子先認錯、先說對不起，就比較不會吵架。我們以前跟原廠溝通，他們姿態較高，有時談到一半，會掛斷我們的電話。這時候，如果我們不懂得隔一段時間再打電話給對方，打個圓場，可能關係就會惡化。

有些人可能會想，先掛電話是對方的錯，的確如此，但在小小的對錯上爭執，不要說爭不贏，就算吵架吵贏了，未來對方可能把生意給別人做，還是你自己吃虧。

反過來說，對方掛電話是個不禮貌的舉動，其實他心裡已經開始後悔了，只是因為面子問題，他不願意先說對不起，如果**你先說對不起，反而幫對方找台階下，他可能也願意道歉，把關係改善，生意上的合作關係就保住了**。

生氣沒有用，只是白費力氣

何況生氣這件事，經常只是白白耗費了自己的精神與力氣，怎麼說呢？

比方我跟太太生氣，太太根本不理我，我就等於白氣了。

在公司，碰到主管或同仁讓你不高興，你覺得說出來產生衝突不好，只有在心裡生悶氣。這更是白費力氣，對方根本不知道，說不定他在別的地方還逍遙快樂！**如果是重要的事，不妨跟對方好好溝通。如果沒那麼重要，何必生悶氣呢？受影響的只有自己而已。這樣一轉念，就比較容易化解自己的怒氣。**

抬高自己，就能不動怒

同樣地，**年輕同仁犯錯，我也會想到他的經驗不如我，就比較可以原諒對方。這就是在心裡抬高自己，讓我比較舒坦，就願意包容。**

不過，用這招要注意，絕對只能在心裡「默想」而已。如果在言語或態度上表現出來，讓對方感覺被侮辱，反而會讓你惹上更大的麻煩。

應用這個思維模式，當我遇到年輕同仁在記憶體、零組件市場操盤失敗，我就會想，他沒操過盤，跟我這個高人不能比，就會比較寬容。把情緒調適好之後，不再生氣了，就能心平氣和地把同仁找來，跟他討論未來怎麼做會更好。

設身處地，想像如果我是他

在這些經驗當中，我都用了一套思維邏輯：想像如果我是他……。

如果我是小司機，賺錢不多，撞了車一定很急、很強勢，免得被要求賠償。

如果我是年輕同仁，看到零組件價格大漲，士氣大振，也可能想趁勝追擊，替公司多賺一點，而忽略了風險。

當客戶掛我電話，就想想，如果我是客戶的採購人員，遇到供貨不及，影響很大，會氣得掛斷電話也是很合理的。

累了一天回到家，嫌太太一直嘮叨，就想如果我是太太，已經被小孩煩了一整天，好不容易等到先生下班，也可能想訴訴苦。

這樣一想，就容易包容、原諒對方的行為，不容易生氣。**設身處地，是管理情緒的好方法。**

別在氣頭上回應

還有一個小技巧，**當自己很生氣，快要發生爭執的時候，找個方法讓事情緩一緩，別在氣頭上回應。**如果在氣頭上回應，雙方可能都沒有好話，徒然使衝突升高，對於解決問題毫無幫助。

在公司溝通也是一樣的，當我要用E-mail對一件事情提出抗議，或是回應對方的指控，如果回得太快，很容易充滿情緒性的字眼。結果，即使我的建議是好的，對方也不會接受，反而怒火中燒。

以我的做法，會把我抱怨別人的信，或是回應別人抱怨的信，先擱置一兩天，等氣消之後再決定要不要發，或要不要修改，最後往往都會丟進垃圾桶。當面溝通的道理也相同，當你很生氣，不要立刻找對方興師問罪，先緩一下會更周延。

結論

活用思維模式，找尋情緒出口

◆人是有情緒的，不是聽了我說不要生氣，就能不生氣。所以我分享的，是能化解情緒的「思維模式」。

◆我這樣生氣有用嗎？如果沒有用，不妨勸自己化解，因為這樣做對自己有利。

◆設身處地，想像如果我是他，就比較不會因對方的行為生氣。活用這套思維模式，自然能替自己的情緒找到出口。

◆處理好自己的情緒，甚至先說對不起，反而會成為贏家，為自己贏得實利與人際關係。

6 包容四部曲：理解、接納、原諒、支持

想出理由，說服自己，原諒對方

有一次我去大陸出差，一去就是三五天，某一天從早忙到晚，已經非常累了，晚上還得應酬。因為賓客頻頻勸酒，我出於禮貌，不知不覺喝多了，累到不行，晚上就把手機關了。

第二天打開手機，慘了，裡面一大堆都是我太太傳來的訊息與未接來電，抱怨我怎麼不接手機，是不是旁邊有女人，你到底愛不愛我……等等。我覺得很冤枉，自己明明努力工作，卻被這樣數落，心裡很氣，想要寫一大段話去反駁，跟太太吵一架。

還好我先去盥洗，冷靜一想，吵架沒有好結果，所以我就想了一個理由，太太可能是看了鬼故事，很害怕，才急著打電話給我！

想到這裡，我啞然失笑，覺得自己還是很有價值的，心情釋然，於是給太太發了一

個訊息：「對不起……」然後再解釋關手機的原因，最後加上一句：「我還是很愛妳。」

太太果然接受了，那一天我就很好過。

從一故一事一中一得一到一啟一發

找出包容的理由，製造雙贏局面

這故事的啟發是，首先，起衝突的時候，緩一緩，不要馬上回擊。

然後你會發現，原來原諒一個人如此簡單，只要想出理由，讓自己的感受好一點，就能辦到。如此一來，我不但取得太太的諒解，自己的心情也好多了。

情緒能獲得紓解，就是包容的起點。

包容四部曲：理解、接納、原諒、支持

我有個姪子在美國結婚，要我去致詞。我想談「包容」的觀念，有意把它用英文翻

譯出來。但我怎麼想，都不容易用一個字來說清楚我的包容觀，最後我用了四個字：

Understanding：理解對方的立場。

Accepting：站在對方的立場，接納他的行為。

Forgiving：原諒對方的行為。

Supporting：願意支持對方。

理解，是站在對方的立場想。比方對方是採購，可能想為他的公司爭取優惠，態度才會比較強硬。對方是年輕人，或許經驗不足，做出錯誤決定。業務員抱怨PM分貨不公，就想想PM的立場，可能貨不夠分。支援單位抱怨業務部出貨太急，就想想業務員可能最後一秒鐘才接到客戶通知，他也是情非得已。**想到對方「力有未逮」、「情非得已」，就能夠接納對方的行為。**

接下來是原諒，因為對方的行為可能造成你的一些損失、添麻煩。或是對方發脾氣，言語上影響到你的情緒等等。這時候都需要站在理解的基礎上，想想他為什麼會有這些行為，比方老闆發脾氣是因為資金壓力很大，屬下犯錯是因為求好心切，那你就能原諒對方。

因為原諒了對方，就能夠支持他們。以主管指正屬下的錯誤為例，可以選擇輕鬆的場合來開導，不要大發雷霆。更進一步，甚至可以拿出主管的人脈、資源、經驗來支持他們，通力合作，一同把公司的損失挽回過來。

以包容四部曲，與屬下同心，化解庫存死貨

我想用一個真實經驗，來解釋包容四部曲如何幫助我在公司解決問題。過去我常提醒一些年輕同仁，不要貿然進貨。但我並沒有下令禁止，只是提醒一聲。結果某些同仁進了貨，果然賣不出去變成庫存的死貨，我就很生氣。

但我很快想到包容的四部曲，思維模式如下：

Understanding：**我理解同仁是新人，一番好意，想為公司賺錢。他們的出發點是對的。**

Accepting：站在同仁的立場，我並沒有禁止他進貨，其實我也有一點責任。至於

判斷錯誤、進錯貨，我自己年輕的時候經驗不足，也可能會犯這種錯誤。於是我接納了年輕同仁的行為。

Forgiving：經過這一段思維過程，合理地讓我說服自己，就能原諒同仁，而不至於勃然大怒，或在情緒中貿然處分。

Supporting：然後我就能支持他們，坐下來討論要怎麼解決問題。例如：能否找到其他買家？有沒有合作廠商基於其他的條件交換，願意幫我們銷庫存？是否能透過供應商的協助，洽詢其他有需求的廠商幫助友尚處理庫存？最後不但減少了損失，年輕同仁也學到更多。後來同仁甚至特地寫信給我，感謝我的體諒，讓他學到了寶貴的經驗。

管理者是懲罰錯誤，領導者是包容錯誤

如果你遇到屬下出了任何差錯，都是懲處與責罵，沒有帶著包容的心，那你頂多是個管理者，而非領導者。

領導者的風範，就是包容、教育屬下，加以開導，啟發他們想通，讓他們打心底有動力改善，這才是真正的成長。此外，很重要的是與他們分析錯誤發生的原因，以及處

理的方法，讓屬下能夠學習與精進。藉由一個錯誤，讓屬下不但學到經驗，更學到克服挫折的正確心態，這才是領導者的功力所在。

找理由原諒對方，是包容的要點

包容有一個要點，就是想出理由，說服自己原諒對方。因為克服情緒、原諒對方，這一步是最難的。

這個理由只是為了說服自己，讓自己的感受好一點，能夠覺得對方情有可原。因此，理由的內容不需要讓對方知道，即使很荒謬、很好笑也沒有關係，甚至在心裡抬高自己都行。

結論

事緩則圓，以包容四部曲，化指正為教導

◆ 遇到任何狀況，事緩則圓。冷靜想一想，你會找到原諒對方的理由，無形中化解了衝突。

◆包容四部曲是情緒管理的利器，理解、接納、原諒、支持，人際關係自然改善。

◆有容乃大，能包容者才是大人物。這樣想，你的自我形象自然提升，也多了包容別人的雅量。

◆主管對屬下不僅是指正與管理，而要教導處事經驗，甚至拿出辦法支持屬下。能這樣做，才是真正領導者的風範。

7 站在他人立場思考，善用「如果我是他」的同理心溝通

媳婦常常抱怨婆婆，為什麼不小心一點！？

有一個媳婦與婆婆住在一起，吃飯時婆婆常常掉飯粒在桌上，也常打翻杯子，有時甚至會跌倒。媳婦每次都責怪婆婆：為什麼不小心一點？

當婆婆說：我已經很小心了。

媳婦又頂了一句：妳就是不夠小心。

婆婆不甘心，又頂了一句：以後妳老了就知道了。

媳婦還是不死心，又頂一句：我老了才不會像妳這樣！

像這樣的衝突，每隔幾天就會一成不變地上演，彼此心裡都不舒服，但得不到解方。以前我也不知道，這類爭執的問題到底出在哪裡。

直到我從高爾夫球得到一項體會，我終於懂了。原來年輕時打高爾夫球，我觀察果

嶺的高低或草皮生長的順逆，都很準確，根本不需要桿弟的意見。六十五歲之後，卻開始發現我經常看錯，甚至沙坑、樹木的位置及距離感都失去準頭。問了眼科醫師才知道，隨著年齡增長，眼球發生了變化，漸漸喪失立體感了；明明杯子有前後，卻看成是平行的，樓梯高低階有落差也以為是平的。這就是為什麼老年人會打翻杯子，或容易跌倒的原因，掉飯粒也是器官退化的緣故。

透過自身的體會，終於解開了我心中的謎，原來問題是出在彼此身體狀況不同，認知也就不同，容易各持己見而爭執。

從一故一事一中一得一到一啟一發

爭執的起點：雙方立場不同

這個案例告訴我們，媳婦年紀較輕，根本不了解婆婆的年紀不小，很多器官已經逐漸老化，神經統合能力下降，傳達神經不聽使喚，甚至眼球視角平面化、腦筋退化、記憶力衰退……等。然而，媳婦卻一直用自己的身體狀況去揣摩婆婆的狀況，沒有站在對方的立場思考，所以發生了爭執。

其實年紀不同、教育程度不同、生長環境不同、宗教政黨不同、貧富程度不同、所持的立場不同……，這些都會帶來觀點差異，造成公說公有理，婆說婆有理的狀況。

換位思考，去除自我為中心的心理

因為彼此的立場不同，往往會產生下列狀況：

太太天天在家，不知道先生為了養家，在公司必須承受很大的壓力；先生天天上班，只知道自己很辛苦，但忘了太太整天在家帶小孩、做家事，也很辛苦。

兒子往往不知道爸爸的偉大，只看到爸爸的一些缺點；爸爸不知道兒女已長大，一直把兒女當小孩看，懷疑他們的判斷，既沒有鼓勵他們，又限制了他們的思維。

長官／老闆有時沒有體會到，屬下做了很多苦工才完成任務，不但沒有給屬下鼓勵，還抱怨其缺點；屬下也往往不知道長官／老闆的壓力有多大，事實上，長官也有他的長官，老闆也要面對董事會或股東，各有各自要承受的壓力。

採購不知道業務員的困難，一味砍殺或百般刁難；業務員被採購責怪，也不知道採購面臨生產線斷線的壓力……。

這麼多的案例，都告訴我們一件事。**當我們在討論及溝通事情的時候，必須時時刻刻站在對方立場思考，去除自我為中心的心理。**多多體會對方的觀點，只要能站在對方立場，增加一分體諒，就會減少一分爭執。

同理心的溝通，善用如果我是他／她的思維

如果可以時時站在對方立場，用同理心的觀念，想像如果我是他／她……。

1. 想像如果我是女孩子，每個月總有幾天心情不佳、脾氣較壞。
2. 想像如果我是老闆，本月業績很差，臉色自然難看，口氣也不會太好。
3. 想像如果我是主管，要管理那麼多人，當然無法面面俱到，總會有些不完全、不公平的地方。

4.想像如果我是會計，正逢結帳期，抓帳抓得頭昏腦脹，當然會顯得有些急躁，問答之間也容易禮貌欠佳。

5.想像如果我是他，家裡比較沒錢，稍微吝嗇小氣、愛計較，似乎情有可原。

6.想像如果我是作業員，可能學歷較低，所以講話直接，讓人容易有不禮貌的感覺，也比較會聽錯指示，做錯事。

7.想像如果我是業務員，對作業流程的熟悉程度，當然比不上支援管理單位的人員，偶而出錯也不足為怪。

8.想像如果我是把關 Key in 的人員，盡責地把關是第一任務，挑毛病是應該的，並非只針對我。

9.想像如果我是高階主管，要應付的供應商、客戶飯局真多，所以今天我請客他沒來，應該不是看不起我。

想像如果我是……。不妨多些想像，就更能站在對方立場體諒對方的為難。

減少爭執的訣竅：替對方找藉口：如果我是他……

「易地而處」絕對是大家在溝通及處理情緒時，第一個想到的方式。但是還有更積極的一些技巧，協助我們達到處理情緒的目標，即善用「替對方找藉口：如果我是他」的做法。

你不妨試試看，為對方找藉口，往往會讓你真的可以原諒或體諒對方，以消除心中的怨氣，甚至進而還會想幫助對方。所以，就算替對方找到的藉口聽起來極其荒謬，也無妨。

1. 當計程車從後面追撞你，還理直氣壯，甚至向你索求賠償費，簡直無理取鬧的時候：你可以想像如果你是他，小學畢業、家境清苦或是昨天可能賭博輸了錢，便可以不與他計較，甚至還願意給他賠償費，當作是日行一善。因為他賺錢能力較弱，給他錢我們心理會比較Happy，並可維持一天好心情。我們是高階主管，時間成本是很貴的，不需要在那邊跟他耗。

2.當主管突然語氣不佳，滿口抱怨，好像吃錯藥時：你可想像他可能剛被其他高階主管或供應商修理；甚或可能昨晚與太太吵架，今天心情不佳；又或者是最近壓力太大。便可暫且體諒他，不必生氣。

3.當屬下做錯事或處理事情不當時：不妨想想，如果他那麼行，都能做得對、做得好，早已經自行創業去當老闆了！想通了以後你便可原諒他，並樂意教導他。

4.當客戶氣沖沖地對你抱怨交貨延遲：可以想像如果你是客戶，生產線上所有作業員都坐在那裡等你的材料時，向你採購的客戶不急、不生氣才奇怪。

5.當……

當你可以站在對方立場，想像「如果我是他」，並替他找藉口原諒他時，很多令人生氣的事情，無形中就不見了！因為你已經想到理由原諒他，回過頭，反而更樂意去配合他，或幫助他解決困難，同時也因感覺自己很有度量而高興。可見，當你面對原本不太愉快的問題，只要調整態度，就能讓整件事形成正向的循環，也讓自己因而得利。

初期也許你需要花三天去想出一個理由原諒對方。但**如果你每次要抱怨時，便訓練**

自己開始替對方找藉口，慢慢地，可能從三天縮短到三小時、三分鐘，最後可能只是個「脈衝」便一閃即過。到了這個境界，往往還來不及生氣或抱怨，就已經找出理由去原諒對方，甚至樂意協助對方，這便是「寬以待人」的快樂與境界所在。

結論

祕訣只有一個，就是同理心

◆每個人的生長背景、立場、信念不同，觀點有差異是正常的。

◆要避免衝突，首先，在討論及溝通事情的時候，必須去除自我為中心的心理。

◆時時刻刻站在對方立場思考，想想如果你是對方，發揮想像力，就更能體諒對方的為難。

◆如果你每次要抱怨時，便訓練自己開始替對方找藉口，慢慢地，可能從三天縮短到三小時、三分鐘，甚至變成自然反應。這時你的境界就高了，不但不抱怨，還會樂於協助對方。

8　將心比心，在乎別人感受

自己習慣了，忘了別人不習慣／別人話題他沒興趣

有個朋友跟我一起打球，還一邊用手機聽著音樂，有時來電鈴聲響了，更會影響到別人的打球節奏。我建議他關掉音樂並調為靜音，他說不用了，他已經習慣了，不受影響的。

另一位朋友與一群友人聚餐，中途找了藉口說有事要先離席。我跟他走到戶外等車，聊天中他透露，席間一堆人在講的話題，他沒興趣也插不上話。我想那才是他提早離席的主要原因，因為太無聊了。

從｜故｜事｜中｜看｜見｜迷｜思

只想到自己，忘了他人存在

第一個故事的迷思是，那位朋友只站在自己的立場，以為自己習慣的、自己喜歡的，別人也應該ＯＫ；他忘了別人喜歡的可能不一樣，對雜音的忍受程度也不同。

第二個故事說明了「話不投機半句多」，在一個聚會的場合中，如果只有幾個人在某個主題上高談闊論，其他人不一定認同，也造成了坐冷板凳的感覺，下次可能也不想再參加了。

先想想別人可能的感受，醜話到嘴邊留半句

往往我們在說一句話，做一個動作時，都只照著自己的喜好來做，或逞一時之快發洩情緒；不太在意這句話或這個動作，別人聽到或看到時心裡會有何感受，會不會影響到別人，或傷了別人的自尊？傷了別人的人通常不自覺，被傷害的人卻可能難過很久。

要注意醜話到嘴邊留半句，多想一下或修飾一下再出口。

在管理團隊時更要注意，有時候部屬努力了許久，終於有些成果，你不但沒有誇獎他，反而在眾人面前數落他的不是，部屬心裡一定不好受，甚至於考慮辭職，讓你在不經意中失去了人才。

因為一句不中聽的話，刺傷了朋友是划不來的。友誼的建立需要長期培養，但卻可能因為一句不中聽的話傷了感情，甚至斷送了友誼。

好友的隱私不隨便傳遞

一般來說，好朋友才會將其隱私告訴你，但我卻常常看到有些人將好友的隱私當八卦話題，成了包打聽，到處宣傳。這就是標準的三姑六婆大嘴巴，他們以消息多為榮，表示跟很多人關係良好，來彰顯他們自己的地位及人脈關係。

這種**大嘴巴的人，終究會傷到自己**。舉個例子，有時不經意地，我會從不相關的人聽到自己的隱私，覺得很訝異，我明明只跟一兩位好朋友透露，為什麼不相干的人會知道呢？從此我就將這一兩位朋友從好友名單中剔除。謹記，對好友的隱私必須做到守口如瓶，才能維持好友的關係。

別人沒興趣時要換話題，避開敏感政治問題

在聚餐的場合裡，往往會看到兩三人針對一個話題侃侃而談，甚至於爭論不休。這個話題其他人並沒興趣，也搭不上話，覺得很無趣，坐立不安。整桌氣氛看似熱鬧，但只有兩三人談得很高興。

如果你是主人或分量夠的人，就要懂得看看場面如何，技巧性地引開話題，開啟另一個有共鳴的聊天題目，並拋球給比較少發言的來賓，面面俱到才能賓主盡歡。

一般來說，政治問題是敏感的。除非是同政黨的聚會，否則一桌中通常會有支持不同政黨的人士，如果談到政治問題，往往立場不同。此時談起政治，輕則一方不認同，雖保持沈默，但心裡不舒服；重則爭論不已，甚至不歡而散。因此一般聚會聊天，最好選擇輕鬆一點的話題，例如笑話或家常事，儘量避開敏感的政治問題。**如果有人不小心涉入政治議論，要趕快改變話題。**

自己的私事，別人未必有興趣

吃飯的時候，經常看到有些人一直秀自己孫子的相片多可愛，自己的子女得了什麼獎、成績多棒、讀多好的學校等等。其實談自己的家人，或是炫耀豐功偉業，點到為止就好。別人對你的私事未必有興趣，不必多提，當然，很熟悉的朋友則另當別論。

如果在某些場合，你只談自己的事，無論是最近多得意或是多困難，還是打球喝酒的趣事等，若滔滔不絕，讓別人連打個岔、發言的機會都沒有，也是不利於人脈。**從自己的角度，要隨時察言觀色，別人是否有興趣聽？是否對方禮貌性地聆聽，其實已經有點不耐煩？適時進行調整才是人際互動之道。**

答應出席，不輕易更改，不能參加應提早通知

一般來說，大型宴會或活動都在兩三個月前就開始規劃，主人要忙於挑選貴賓名單，並一一邀約貴賓參加。等到參加名單大致底定之後，又開始忙著排賓客桌次名單，考量賓客輩分及身分地位後，將彼此熟悉的朋友排在一起，方便他們交談融洽；並避開

個性不合者坐在同桌，以免聊不起來。

依我個人的經驗來看，請客花錢較簡單，但排桌次卻是件很繁雜的事，要考量的因素很多。祕書也幫不上忙，因為祕書不完全清楚賓客的來歷，就算主人自己安排，都深怕稍有不慎，造成尷尬的場面。

偏偏有些朋友以為只是去參加活動而已，少一人參加也不會怎樣，臨時一通電話通知不能參加，主人就得重新調動桌次名單，有時牽一髮動全身，得大費周章才可完成。說真的，臨時再去邀朋友參加也不禮貌，只補邀一位，可能得罪其同一族群的許多朋友，族群全部邀請又坐不下，空著座位也不好看，更可能造成餐廳費用浪費，對主人真是一件頭痛的事。

更有甚者，有些人答應了出席，但等開桌一陣子仍未出現，經過一番緊急追蹤後，才告知臨時有事不能參加。其實臨時有事只是一個藉口，真正的原因是臨時改變主意，這是不尊重別人，不了解別人立場的表現，是不可靠的朋友。

因此，**答應參加任何活動，儘量不要變卦。如果行程有改變，一定要儘早通知對方，尤其是大型宴會／活動更要提早，讓主辦方有足夠時間因應調整。**

結論

將心比心，友誼長存，人脈自然建立

◆將心比心，說一句話或採取一個行動，要留心是否傷到別人，或影響到他人。注意醜話到嘴邊留半句，多想一下或修飾一下再出口。

◆大嘴巴的人，終究會傷到自己。對好友的隱私請務必守口如瓶。

◆在任何場合，如果你是主人或有主導權，發現有小團體高談闊論，其他人不感興趣，就要適時調整話題，讓大家參與。政治話題太敏感，尤其要避免。

◆談自己的事，點到為止就好。要隨時察言觀色，別人是否有興趣聽？適時進行調整才是人際互動之道。

◆答應參加任何活動，儘量不要變卦。如果行程有改變，一定要儘早通知對方，尤其是大型宴會／活動更要提早，讓主辦方有足夠時間調整。

9 立場不同，想法自然不同，別期待跟你一樣

兩代觀念，天壤之別

有個阿嬤非常疼她的孫子，因為孫子在美國長大，即將結婚，當時回台灣跟家人團聚，她打算匯十萬美金給孫子買房子。阿嬤帶孫子到銀行辦手續的時候，剛好她在該銀行的戶頭剩下三百萬台幣，但當天匯率卻是三十．二，需要三百零二萬才夠，阿嬤就跟孫子借了兩萬台幣，湊個整數，匯十萬美金給他。

沒想到不久之後，孫子傳訊跟她討還兩萬的借款。阿嬤很生氣，覺得我白白送給你三百萬，這孫子真是不知感恩，竟然還討這兩萬塊？但美國人的作風就是如此，一碼歸一碼，送十萬美金是贈送，借兩萬台幣是借款，既然講好了，阿嬤當然要還。

類似的情況，公公出錢買房子給兒子媳婦住，還掏出一筆錢裝潢。房子落成，小倆口入住後，公公想要到每一間房間看看成果，媳婦卻不讓公公進主臥房，說這是她的私

人空間，請公公尊重她的隱私。公公很不高興。

從一故一事一中一看一見一迷一思

不是每個人都和你想的一樣！

這個故事的迷思是，長輩從自己的立場與傳統觀念出發，阿嬤認為自己出了差不多十萬美金，孫子「理當」想到，阿嬤跟他借兩萬只是場面話，他應該自己知趣，不要求還錢。公公認為房子是他出的錢，為什麼連看的權利都沒有？

這些觀念從長輩立場看是沒錯，但孫子採美式作風，認為欠錢就要還；或是新生代注重隱私，也沒錯。兩邊都對，只是雙方立場不同，大可不必生氣。

老闆從員工立場思考，不要用獎金逼人

常有老闆覺得發給員工獎金是恩惠，員工應該表現出感謝的態度。但從員工的立

場，卻可能認為自己達到業績，幫公司賺錢，獎金是應得的，銀貨兩訖，與老闆的認知截然不同。我建議老闆可換個角度想，不必為此耿耿於懷。

同樣地，老闆關心屬下，也可能碰到兩種反應。某些屬下覺得老闆很囉嗦，今天真倒楣，被老闆逮到唸了半個小時；另一些屬下卻覺得老闆真關心我，還教導我業務技巧，十分感謝。其實，兩者差別只在一念之間，立場不同，想法也不同。因此**就算員工抱怨，我也不在意，該講該教的，我還是會做。**

培訓是任務也是投資，老闆與員工各有立場

公司出錢為員工辦培訓，有時用到週末時間，讓員工覺得有負擔，把它當成假日加班，心不甘情不願。

其實，若員工從另一角度思考，培訓的錢是公司出的，培養出來的能力卻是員工自己的！公司辦培訓，固然希望提升員工能力，為公司賺錢；但在**一個自由的就業市場，培訓得益最大的還是員工自己，如果是自己付費學習，恐怕還所費不貲！**員工如果能這樣想，不但不會抱怨，反而會當成公司在「投資」自己，把握學習的機會，儘量吸收。

另一種情形是，員工自覺很努力，主管卻不買單，於是很喪氣。其實你可以多站在他方立場思考，主管的要求可能本來就高，因為他要看的是結果，對你努力的過程未必了解。只要你問心無愧，繼續付出，遲早有一天會開花結果，不必沮喪。

不同世代，不同思維，別強迫屬下或二代認同

反過來說，當老闆覺得屬下不夠努力，要站在屬下的立場想，他不是公司的擁有者，不可能像老闆一樣百分之百付出，打個七折還差不多，如此想就會心平氣和。**有些事情的做法，可能因為世代交替、市場變遷而有所不同，也許年輕人的做法反而是好的，老闆不妨審慎評估，適時採納，不見得要強迫屬下認同自己的方式。**

企業創辦人交棒給兒女，有時候會爭吵，也是一樣的原因。老爸談到過去的豐功偉業，如何帶團隊熬夜加班才終於成功；兒女卻覺得不必這樣做，現在已經有新方法，把團隊操翻，反而無法留住人才。這時，我就建議一代企業家，儘量跳出過去的思維。

同樣地，父母給兒女資產，兒女也許覺得，未來同樣還是他繼承，不會特別感恩戴德。我建議父母不要過度期望感激，為此患得患失。當然，反過來說，我也會建議二代

體會父母的立場，多尊重他們的經驗，感謝他們的付出。這種體諒是互相而雙向的。

既已兌現初衷，就無須期待額外的感謝

再談一個例子，某位外商公司高階主管有個想法，為了讓員工有拓展視野的機會，希望每年派五到十位員工出國考察兼旅遊。為了這個初衷，他努力跟國外總公司爭取，幾經折衝才終於爭取到。

沒想到，旅遊回來後卻沒有人跟這位主管特別道謝，他很失望，想說下次不辦了。後來想一想還是持續舉辦，只是心裡還是不太舒服。經過一段時日，他卻忽然想通了，**既然目的是拓展員工視野，已經兌現他本來的初衷，何必再額外期待另一份感激？**

結論

從他人立場思考，坦然面對反對意見

◆在職場或家庭，當你發現與人立場不同，想法相反，而讓你很有情緒，我建議轉念想想，大家各有立場，不必期望別人想法會跟你一樣。

◆從他人立場想，認知對了就可以心平氣和，不因為反對意見暴跳如雷。

◆員工若從公司、主管、客戶立場想，想法對了，就會更加努力，不會輕易沮喪。

◆老闆若從員工立場想一想，就不會有不切實際的要求，甚至為了員工不如己意，在心裡生悶氣。

◆不期待他人特別的感謝，了解世代之間立場的差異，就不會患得患失，而能夠坦然面對。

第二章

職場重要觀念

10 隨時要有聯想力，並轉化為行動

百萬美金的超級業務

一位百貨公司的王姓業務員，任職該公司剛滿半年。

有一天總經理巡場，好奇地問他：「這兩天服務了幾個客人？」

該業務員回答說：「只服務了一個客人。」

總經理皺眉頭了，帶一點責備的口吻說：「怎麼那麼少？別的業務員兩天起碼也服務了二十位客人。那你到底做了多少業績？」

業務員回答說：「大約一百二十萬美金。」

總經理嚇了一跳，懷疑地問：「怎麼可能那麼多？到底賣了哪些東西？」

業務員回答說：「我賣他釣魚用的釣鉤、釣魚線、釣竿、遊艇，為了方便移動遊艇到各碼頭，又賣他一部卡車。」

總經理又問：「那是一個什麼樣的富翁？」

業務員回答說：「其實那個客人是穿著拖鞋、短褲、汗衫，看起來也不特別的人，突然跑進來要買衛生棉。我跟他打哈哈說，你要買衛生棉，一定是太太那個來了，肯定沒搞頭，要不要考慮去外島釣魚？我這樣說，引發了他的興趣，聊得很高興，他就決定以後有空就去釣魚。我發現他真的有能力買，這兩天我就一直陪著他，去找公司其他部門負責人談遊艇的規格、價格，又陪他去看遊艇內裝、試開遊艇……，所以沒時間服務其他客人。」

從—故—事—中—得—到—啟—發

看見客戶背後的可能性

一個職場人，尤其是主管，或是希望升遷當主管的人，必須具備聯想力。我們從平常看到、聽到的事情，會得到一些啟發，但一定要將這些啟發，連結到自己的生活或工作上，幫助我們改變生活習慣，或轉化為可執行的工作項目，才能發揮最大的效益。從剛剛的故事，你會想到什麼？

這個超級業務員很厲害？

一個客人買的金額比二十個客戶大好幾倍？

其貌不揚的客人成了大客戶？

本來只要買Ａ產品的客人，竟然買了Ｂ、Ｃ、Ｄ、Ｅ、Ｆ……等等產品？

客人進來買衛生棉，聊著聊著，最後買了很多東西？

這個業務員不但搞定客戶，還搞定了百貨公司的眾多部門，跟他合作銷售？

在這些現象背後，其實都有啟發業務人員的道理。

業務員的「熱情」是一切的起點

一個業務員必須具備很多能力，才能成為超級業務員，諸如親和力、五四三的聊天能力、觀察力、創造需求的能力、引導能力、溝通能力、說服能力、整合能力、專業能力、開創人脈的能力……。

不過，即使他具備很多能力，如果他缺乏「熱情」，這些能力都沒有用。熱情表現在熱愛自家的產品，也可能讓人為任務廢寢忘食。熱情堪稱是工作的原動力，也是驅使人表現卓越的起爆劑。有了熱情，業務人員的每項能力都會如獲新生，充滿活力，例如溝通與說服能力，若業務員帶著熱情說話，都會明顯提升不只一個層次，所以「熱情」是一切的起點。

二八法則：精耕二〇%重要客戶

在釣魚的故事中，一位客人成交的金額比二十個客人還多好幾倍，告訴我們精耕客戶的重要。從這裡可以引申出「二八法則」，八〇%的業績來自於二〇%的重要客戶。同時，「二八法則」還有許多層面的應用，之後我們還會談到。

不忽略任何一個機會

一個其貌不揚，本來要買A產品的客人，竟然買了許多其他產品，成了大客戶。這提醒我們不可以貌取人，要重視每個客戶，從小量購買或索取樣品，都可能延伸出大生意。從中我們學習到「不忽略任何一個機會」，並留意索取樣品或少量購買的客戶。

養成和人「五四三」聊天力

本來只要買衛生棉的客人，因為跟這位超級業務員相談甚歡，居然買了遊艇等東西。這就是靠業務員「五四三聊天的能力」，發掘及創造出客人的需求，並引導客人買單。

滿足客戶需求，人脈經營派上用場

最後，百貨公司產品項目繁多，該業務員不可能全部都懂，面對客戶的需求怎麼辦呢？其實在平時，業務員就要大概知道公司有哪些產品，重點是，還要知道某產品由哪個主管負責；同時要與這些主管有交情，引薦後由他們來幫忙成交。由此引申，就是超級業務員需要「經營人脈」。

轉化為行動力需講求方法和步驟

以上所提到的，有聯想力還不夠，必須要有行動。吸收觀念只是起點，真正要有結果，必須要將觀念轉化為行動。這個轉化的過程，需要有方法、有步驟，甚至得建立標準作業流程，一項項確實去做，才可能讓觀念落實為具體的成績。

結論

一個故事，多重聯想

◆無論是超級業務員，還是優秀的主管，聯想力都非常重要。以釣魚的故事為例，至少就能讓我們聯想到：培養熱情，產生工作的原動力；二八法則的時間管理、權力下放與掌握重點；不忽略任何一個機會；培養五四三聊天能力；以及人脈經營的重要性。

◆藉著聯想力，不僅打破職場、生活中常見的迷思，也將故事中的啟發，轉化成改變舊習慣的步驟，及可執行的工作項目。這些步驟將讓你落實學到的內容，提高工作效率，也就等於賺更多錢。讓我們開始「釣大魚」吧！

11 勇於接受改變，不低估自己潛力

不是我厲害，只是改變習慣

許多同事都知道，會議中，我總會用3M便利貼將重點記下來，總結的時候提醒與會同仁。但在幾年前，某一次上海的會議，眼尖的同事發現我的便利貼不見了，還以為我的記憶力大增，連筆記都不用就能做總結，說我好厲害！

其實他不知道，只是我改變了習慣，把筆記工具從3M便利貼換成智慧型手機。這個改變明顯地提升了效率，因為我不但可以很快地記錄，還能透過無線網路立刻傳給其他同仁，甚至請他們幫我製作成簡報。

話說從頭，早在我改變習慣的四年前，就有人勸我改用智慧型手機。雖然看來有趣，但我覺得複雜，擔心學不會，就沒有採用，還是使用多年來慣用的Motorola手機。為了怕手機停產，我還買了三支備用。另一位朋友更慘，居然買了七支舊款的Nokia手機備用。

誰知道，我的這幾支手機，居然在同一個節骨眼上陸續出狀況，而且維修零件早已停產。我被迫改用智慧型手機，沒想到短短七天，我不但學會了，還成為手機APP的重度使用者！

我身上還有許多改變，都是類似的狀況。從前我習慣打暗色系領帶，不敢打黃色等亮色系的領帶，太太及女兒建議我做改變，現在我反而喜歡亮色系的。朋友告訴我，亮色領帶上媒體拍照的效果更好。

以前我習慣穿打摺褲，可是退流行了不好買。結果，我勉強自己買了一兩條窄管褲，發現好穿又時髦，從此打摺褲就不穿了。

從—故—事—中—得—到—啟—發

不想改變，被邊緣化是必然

過去我不敢改變，是被習慣制約，使得我內心抗拒，不想改變、不想學習。

> 但一個人若不順應趨勢，不肯改變，會非常糟糕。比方如果某人到今天還不會上網、不會用ＡＰＰ，簡直連出門都難，寸步難行，難免被邊緣化。在某些公司，若不懂得用遠端開會軟體，連會也沒辦法開。

順應趨勢，轉念迎向改變

許多當老闆、當主管的人，因為年齡較長，往往誤以為自己學不會新科技、新工具。建議你不妨試試看，**順應趨勢，不要抗拒，欣然接受改變，不要低估了自己的潛力！**問助理、問司機、問屬下，都沒有什麼好丟臉的，只要學習，最後說不定你會變成專家。

我從一個木訥的人，變成敢講話、敢上台的陽光男，也只是一念之間的轉變。過去舉凡唱歌、跳舞或演說，我都不大敢上台。後來太太跟我說，就算上台演說講錯了，也不會少一塊肉；唱歌唱錯了，老實說也沒什麼人在聽。於是我擺脫恐懼，多練習幾次，自然就會了。

穿衣服也是一樣，我自己覺得亮色系領帶、窄管褲怪怪的，太太也跟我說，其實根本沒人管我。於是我歸納出一條心法：**誰管你啊！誰管你那麼多！如果認識的人笑你，其實大家都熟了，你並不在乎；不認識的人笑話你，既然不認識，你何必管他？**如此一想，許多改變就沒有什麼好怕的，可以大膽嘗試新的事物。

掙脫習慣綁架，就能一步到位

有些人也許會說，習慣很難改變啊！這個問題確實困擾許多人，比方友尚開發了線上溝通、Summary Report這些工具程式，既提升日常工作效率，親和力又高，只要按幾個鈕，花五到十分鐘就能學會了，卻還是有許多主管望之卻步。

有個主管就曾經告訴我，他還不會用線上溝通，所以對我發出的訊息尚未回應，等他找時間好好研究之後再回覆我。聽起來很合理，其實他可能永遠都不會有空來研究，因為他並沒有下定決心改變習慣，才會連五到十分鐘都無法撥出來學習。

其實，**對於新的改變，癥結點通常不在於工具或程式，而是心裡害怕，怕改變所帶來的複雜度、挫折感，於是遲遲不敢跨出第一步。**

然而，**為了提升效率，我們必須更善用工具，以收事半功倍之效。**我也曾經害怕過，但掙脫習慣綁架，改用智慧型手機之後，現在我卻能用許多APP，隨手做筆記、掃描名片、傳輸資料、甚至用BOX、Goodnotes儲存了很多資料，到處分享非常方便。改變舊的習慣，確實很難，但只要開始努力，就有機會達成。一旦開創新局，所有的努力就值得了！

跳出舒適圈，為自己加分

在工作上導入新系統，也是一個好例子。以前用貼紙、便利貼、紙本，現在用電子版、無紙化。**改變就從「現在」開始，只要你現在可以跟上，培養了學習力與適應力，以後不管技術如何改變，你都跟得上時代。**

對於新組織、新主管，我也鼓勵你用開放的心面對。今日產業變化迅速，公司被併購或購併別人都是常事，必須適應新的老闆、新的夥伴。若你不願意接受改變，離職到別的公司也是進入新的組織，還是一樣要改變。

對於公司新派任的工作與任務，至少不要排斥。派你去做，你若不去，一定會派別人去，漸漸地，你的能力就比人家差，能適應的工作範圍也比較小。但你若接受新任務，而且表現出色，你在公司的價值就越來越高。

不排斥新任務，還只是被動配合而已。**更進一步，我鼓勵你跳出舒適圈，申請輪調，主動提出挑戰新的任務，才會持續突破**。只要看到新的事物，隨時都要抱持好奇心，不要封閉自己，去學習、去接觸，你會不斷成長。否則，一味封閉，觀念就可能會過時。

結論

學習力和適應力，不被淘汰的時代利器

◆順應趨勢，不要抗拒，欣然接受改變，不要低估了自己的潛力！只要跨過心理障礙，你會發現人的學習力與適應力真的很強。

◆改變習慣迷思，你會有許多意外收穫，找到事半功倍的樂趣。

◆為了提升效率，我們必須善用工具，就像馬背上的騎師，騎術再怎麼出神入化，也跑不贏一名普通駕駛開的汽車。

◆保持好奇心，不斷學習新知識，只要你現在可以跟上，培養了學習力與適應力，未來不管技術如何改變，你都跟得上時代。

◆若能勇敢跳出舒適圈，接受新的任務，更會讓你持續突破與成長。

12 頭銜權力自己決定，部分權力來自雞婆

錢少一點沒關係，頭銜一定要經理？

我的公司前些年擴展大陸市場，張先生作為「台幹」之一，跟隨其他同仁到上海，專門負責人力資源方面的工作。到了當地，公司也開始招聘在地的才俊，希望能藉此迅速融入大陸市場。

求才廣告刊出後，履歷如雪片般飛來，但其中良莠不齊，許多目前頭銜掛著「經理」的人，實際上的工作能力與經驗，甚至跟社會新鮮人沒有太大的差別，讓張先生費了許多力氣去篩選。

甚至，還有位求職者直接跟張先生表示：「錢少一點沒關係，但我的『頭銜』一定要是經理才可以。」這種浮誇的求職者，張先生當然一個都不錄取。

從｜故｜事｜中｜看｜見｜迷｜思

實力不重要，頭銜代表一切？

強調頭銜的求職者，第一個迷思就是過於愛面子，想用頭銜來突顯自己的重要性。其實這是沒有必要的，有能力的人，不靠頭銜也會受人尊敬。

太過在意頭銜甚至有害，因為這是「半桶水響叮噹」的通病，只靠頭銜來吹捧自己，反而會讓人感覺你的能力不足，甚至第一階段就不願錄取！

就算僥倖獲得了頭銜，沒有真才實學，終究還是會被拆穿的。

頭銜必須與實力相稱

與人初次見面，遞出一張頭銜亮麗的名片，的確會讓人另眼相待。但如果這項頭銜跟你的實力不相稱，一經面談之後，便會顯露無遺，對方甚至會因此懷疑整家公司的成員素質與服務品質。

我曾經輔導過一家公司，來的三個人都掛CXO，不是執行長就是技術長之類的職務。於是我問他們，公司有幾個人？結果只有三個人。如此一來，旁人對他們公司的印象反而扣分。

可見，一張與自己實力不符的名片頭銜，不但無法為自己加分，反而會造成落差更大的負面印象。

其實，頭銜主要是因應組織運作和專業分工所設立的，以免組織內權責不分，或是工作項目重疊等。對外，頭銜所彰顯的實質意義，並不是絕對的。**別人對你的印象，主要還是看你與他人互動時表現如何，給人的感受是什麼。**

因此，越有能力的人越不會重視頭銜。有能力的人，當他們面對客戶時，即使遞出的名片頭銜不高，只要展現出良好的專業素養與舉止談吐，不但不會被輕視，反而讓人更敬重，對其公司和他們個人的好感也會倍增。

頭銜只是相對性的位階，公司發展潛力更要緊

兩位年資經歷接近的人，在小公司任職者的頭銜，通常會比較高，但並不代表他的能力與地位一定比較重要。只是因為公司的組織結構小而簡單，其中的同仁比較容易掛

上「經理」、「副總」等頭銜。

當然，許多小公司經營得不錯，其中的職位也名實相符。但不可否認地，某些人氣不旺的公司，可能會以亮麗頭銜來吸引不夠成熟的人任職。不過對於經驗、人格與能力都相對成熟的人來說，虛銜是不具吸引力的，在選擇工作時，他們會更在乎該公司的發展潛力，比方是否有良好學習環境、個人職涯是否有未來性、公司將來的前景等。

在友尚的高階主管中，就有許多人以前任職於其他公司，頭銜也比現在掛得還高。但他們願意接受友尚現在的職位，因為他們的心智成熟，清楚地認知：**除了自身實力外，影響自己未來發展的關鍵因素是公司的發展潛力，而非頭銜。**

不要為別人眼光而活

相反地，我也曾看到有人在轉換工作時，因為換到大公司，職銜比從前低，就不太敢掏出名片給以前的朋友或同事，疑神疑鬼，覺得他們會看輕自己。老實說，為別人眼光而活，毫無必要。

有深度、了解狀況的人，很清楚公司組織大小不同，頭銜定位自然也不同。只有外行人才會以頭銜判斷一切，如此膚淺，又何必在意呢？

整體來看，在意頭銜的人一般比較難成大器，容易因頭銜之故畫地自限，十分可惜。**其實真正重要的，是如何讓他人敬重你的專業，而不是看重名片上的頭銜。**

權力與頭銜無絕對關係，工作能力更重要

權力和職務位階有關，這是一般的原則，但不是絕對的。許多時候，權力的取得與被授權，與頭銜高低未必有直接關係，而是因為某人的能力受到信任。

例如，某些員工的年紀和位階不一定很高，但因為**常提出極佳的建議案，因此成為執行者，有更多展現自己能力的機會**。久而久之，他們甚至受邀參與高階的決策事務，無形中決策權也相對提高。

權力是無形的，甚至經常來自於「雞婆」

權力不只由頭銜決定，而是掌握在你自己手裡。就我的經驗，**權力來自於雞婆，也就是說，對公司的事務熱心的人，往往可能自然獲得部分權力。**

原因在於，往往你提出好的建議，老闆覺得有理，很可能指定你去執行，你就有表現的機會，擴大負責的範圍，而且備受信任，影響力自然提升。

例如有一個新的區域的客戶很有潛力，你注意到了，跟老闆建議要去開發，老闆就可能指派你負責。

或者一位行政助理，常常積極對公司提供建議。公司座位的佈置原本是管理部更高階層的工作範疇，但因為這位助理相當認真，對公司日常辦公的動線多有觀察，提供的建議十分有用，主管就決定請他一起來研究。

不過要注意，在雞婆之前，必須先把自己份內的事做好！否則就弄巧成拙了。

結論

做個超越頭銜，深具影響力的人

◆ 愛面子、在意頭銜，可能給人浮誇的印象，反而對自己有害。也容易限制自己，覺得沒有頭銜就不能成事。

◆能夠突破公司頭銜的局限，發揮影響力的人，多半具備以下特質：

1. 品行端正
2. 人際關係好
3. 知識廣博
4. 工作能力強
5. 積極果斷
6. 凡事「提升兩級」思考，並提出建議
7. 做好本份之外，熱心多管「閒事」，提供協助。

建議你不妨以此檢視自己，在公司創造實質的影響力！

13 不要自我設限，從提高兩級的高度看事情

想離職的FAE，轉念就有好發展

一位FAE（Field Application Engineer，應用工程師）來我們公司，任職兩三個月，我觀察他並不太積極，沒見過他到客戶那裡拜訪，整天待在公司，不料有一天他忽然提出想離職。

我問他為什麼想離職？想去哪裡？他說想去一家半導體公司工作。再問他為什麼想去那家公司？他說那家公司的產品比較高級。我繼續追問，分析他的意圖，究竟是因為那項產品比較高級，他想去學技術，未來發展自己的產品？還是產品高級比較好賣？或在那裡可以接觸更多客戶？

他想了想，回答說是為了接觸更多客戶。我就挑戰他說：「我們公司代理的產品線非常多，其實客戶數比那家公司更多呀！你留在我們公司，比跳槽能接觸的層面更廣。

但是我觀察你並沒有走出去，這又是怎麼回事？難道有人告訴你不能去接觸更多客戶嗎？」他說不是。

於是我當面告訴他，我們公司的產品線更多，客戶更廣，沒有去接觸更多客戶，是他自己的問題，不是公司的問題。請他回去思考三天，再告訴我他是否還要離職。三天後他回來，表示想通了，他覺得在公司沒機會接觸客戶，原來是因為他自我設限。因為過去他認定FAE的角色，就是當客戶提出品質問題，他才能出去幫客戶解決。

其實就算客戶沒有出問題，FAE還是可以出去拜訪，做更好的服務，為公司開發許多新的機會。想通這點之後，這位同仁工作就很愉快，直到現在還留在公司，並成為高階主管。

從｜故｜事｜中｜看｜見｜迷｜思

未戰先逃未必比較好

這個故事的迷思，是標準的畫地自限。他自己為FAE的職務定義了一個狹窄的範圍，導致無法接觸更多客戶，卻回頭怪公司給他一個難以施展抱負的職位，還要離職。其實根本沒有人限制過他。這種情況，一轉念就海闊天空，讓他發展得很好。

在此又牽涉到第二種迷思，是否發展不順就要跳槽？建議你應該先思考，有沒有機會改變自己的做法、爭取發展空間，或許效果會比跳槽更好。而不是一碰到挫折就馬上跳槽，投入下一個未知的環境，未必會有改善。

順手協助其他部門，更能學到跨領域知識

以ＦＡＥ為例，可以朝業務員發展，也可以往產品經理發展，或成為行銷人才，未來也可能成為管理職的主管，完全不需要畫地自限。

即使你的名片上是ＦＡＥ，如果對業務有興趣，在解決客戶問題之後，不妨多換幾張名片，甚至跟客戶打聽他們有哪些機種、生產哪些產品，我們公司可以幫上什麼忙等等，也許他們就會感興趣，希望我們送樣品過去。

當然，你的角色只是閒聊，因為你不在其位，不能夠做決定，更不能越過職權報價或敲定交貨期。但你可以將資訊帶回來分享給業務員或是產品經理，投桃報李，他們也會告訴你許多事情，是你本來不知道的。慢慢地，你會發現自己成長不少。

若你有所成長，而且很勤勞，經常把客戶的資訊帶回來，業務部門、產品經理部門缺人的時候，就會第一個想到你。**不要被自己的職銜給綁住，可以跨越到鄰近相關的領域，幫助他們解決問題，你自己就可能學到跨領域的知識，甚至贏得升職的機會。**

跳出層級及職務框框，避免當傳聲筒

畫地自限還有一種情況，就是把某些任務「完全」切出去給專業人士，認為以自己的職務不需要學習與了解。

公司的某地區總務主管，為了進行新辦公室裝潢，曾經拿設計圖給我看。我指出其中有些錯誤，請他回去改，不料改完以後還是錯的，很顯然他並沒有聽懂我的意思，也沒有能力判斷設計是否正確。我忍不住問他，是否知道辦公室的主走道、副走道應該留多寬？一般同仁的座位需要多少空間？他卻一問三不知，回答說他都交給設計師負責。

我說這樣一來，他就變成傳聲筒了。因為他只是記下我的建議，機械化地交給設計師，從來沒有了解為何要如此設計，也不清楚動線的知識，只是跑腿傳話而已，完全沒有發揮主管的功能。其實他可以趁著裝潢的機會，跳出層級和職務的框框，學會許多知識，甚至提出更好的建議。

如果總務主管觀念正確，從設計師處了解到動線設計的原則、裝潢材料的知識、甚至更多相關的訣竅，未來辦公室要做任何更新，他就成為不可或缺的人才。

站在主管角度，給出比預期更好的解決方法

若要更上層樓，建議你還要提升兩級思考。某件事情在你的層級，可能覺得應該採取某種做法，但拉高兩級去想，也許你的做法就會調整，實質上為公司帶來「大於」你目前職位的貢獻。

更進一步，還要訓練自己從總經理的角度看事情。以公司裝潢為例，就要思考總經理對這些裝潢有什麼建議？有哪些需求？為什麼總經理會這樣想？經過這個訓練，再加上總務主管對裝潢、動線、材料的知識比總經理豐富，他甚至可以根據總經理的需求，

超前部署一兩步，給總經理更好的建議，未來他就備受倚重。

其實不只是總務與裝潢，任何領域都是一樣。總經理或各級主管十分忙碌，在某些專業領域，你總是有機會懂得比他們多一些。**如果你能設身處地，看到主管的需求，加上你的專業知識，給出比他們預期「更好」的解決方案，當然會大受主管的歡迎。**

總之，就是不要自我設限，被職銜定死了你的自我定位。若是輕易被定死，就像馬戲團的大象，從小被繩子綁住，力氣不大無法掙脫，以為被綁住永遠跑不掉。其實牠長大以後，一拉就可以拉斷繩子。人是有智慧的，自然不需跟大象一樣受到局限。

結論

不要畫地自限，或當傳聲筒，而是跳出框限尋求發展

◆不要畫地自限，被自己的職銜給綁住，可以跨越到鄰近相關的領域，幫助別人解決問題，你就有可能學到跨領域的知識，甚至贏得升職的機會。

◆別當傳聲筒！遇到新任務，應跳出層級及職務框框，把握機會學習，未來你就成為不可或缺的人才。

◆建議你提升兩級思考，甚至訓練自己從總經理的角度看事情，拉高自己的視野。

◆如果你能設身處地，看到總經理或主管的需求，加上你的專業知識，給出比他們預期「更好」的解決方案，當然會大受主管的歡迎。

14 出任務時，業務員才是主角，老闆是配角

業務害老闆被修理，一點好處也沒有

有一次，A老闆跟業務員出去拜訪客戶，事前A老闆不知道要談什麼事情，到了現場，業務員也不太講話。老闆這才發現，對方公司的總經理與採購都大陣仗下來開會，劈頭就抱怨交貨有問題，害他們生產線斷線，提出一大堆的指責及索賠訴求。A老闆一頭霧水，當場被修理得很慘。

A老闆在客戶處被修理，回來當然就修理業務員，為什麼不先告訴老闆交貨有狀況，讓他非常沒有面子，結果就是雙輸。

從一故一事一中一看一見一迷一思

忘了自己才是主角的業務員

這個故事中業務員的迷思，是忘了他自己才是主角，跟客戶談判居然不講話。他誤以為老闆是主角，而且什麼都知道，一定清楚交貨不順這些狀況；殊不知老闆日理萬機，不可能完全掌握每個客戶的細節，老闆還以為只是禮貌性帶這位業務員去拜訪，而不知道交貨不順，當場飽受指責。

善用老闆資源，而非把老闆推上火線

如果你是業務員，當某項業務發生狀況，要去跟客戶談，你要認知自己才是主角，應該先做功課，思考過應對的方案。

當老闆跟你一同出席，其實老闆是配角！基本上，老闆出席都是幫忙性質。是你應該善用老闆的時間、經驗、關係與職權，來幫你的忙。

業務員既然是主角，就要主導談話，不要自動退居二線，把老闆推上火線，這是錯

誤的做法。

藉由會前會的簡報，取得適當授權

既然業務員是主角，為會談做準備的責任，就在業務員的身上。當然，業務員無權決定所有的談判條件，何況若是邀請老闆或主管一同拜訪客戶，更要讓他們了解全盤狀況。**因此，業務員應在會談之前，跟老闆或主管開一場「會前會」，交代該客戶的情況，包括人、事、時、地、物。**

最基本的是對方有哪些人來開會，關鍵人物是誰？今天大概要談什麼事情？如果是我方造成客戶損失，客戶可能提出哪些要求？我方已經準備了哪些方案……等。

以交貨為例，需要讓老闆清楚，我方交貨延誤多久，是什麼貨？用在客戶哪一條產線，造成對方什麼樣的損失？延誤的原因是什麼，是誰的責任……等。凡此種種，都可以因應事件的特性，從人、事、時、地、物去延伸整理，提供給老闆參考。

最後，是取得老闆適當的授權。如我們可以退讓到哪裡？同意什麼樣的條件？你的權限在哪？甚至談判策略與簡報都要事前演練過，才能藉著老闆的經驗與知識，優化談判的策略。

事先讓老闆進入狀況，必要時幫老闆擋子彈

不要以為老闆什麼都知道！老闆很忙，負責的事務比你更多，不可能大事小事通通都清楚，所以拜訪客戶之前要讓老闆進入狀況。**不要讓老闆顯得不清楚狀況，無法與對方深談，更可能傷及公司的顏面。**

如果來不及開會前會，可請老闆撥出五到十分鐘，由你向老闆做重點簡報。或是在前往客戶公司的車程中，向老闆提供一份整理好的資料，並做好摘要，幫助老闆迅速掌握重點。

必要時，業務員還要跳出來幫老闆擋子彈。有時，客戶可能會劈頭就責怪老闆，你可以臨機應變，適當地插話，例如說：「這件事是我負責的，有些細節由我來回答好了。」也就是**業務員要扮演主角，避免讓老闆接招，當場不知所措。**

某些業務員有一種錯誤的心態，帶老闆去被客戶修理，自以為可以向老闆顯示：「老闆您親自出馬還不是搞不定，可見不是我不行。」甚至看老闆跟自己一樣被電，有一種莫名的快感。這種做法是適得其反，你若害老闆被修理，回來一定修理你，一點好處也沒有。

相反地，你若扮演談判的主角，幫老闆擋下指責，更容易贏得老闆的信賴。能夠為老闆想，做好種種準備，而且懂得應變的業務員，自然容易獲得升遷。

業務員要主控全場，適時攬回對話主導權

到了客戶的公司，首先，業務員應做開場引見，簡要說明來龍去脈。業務員主控全場，不只是引見，更包括穿針引線。當客戶陣仗很大，來了五、六個人，老闆未必清楚對方職級的高低，也不知道這些人的所屬部門如採購、研發等；於是換完名片之後，機靈的業務員會幫老闆排好順序，比方依照職級排序，幫老闆確認哪一位對應哪一張名片，關鍵人物是誰……等，老闆就很好談。

換句話說，你要事先思考老闆可能面臨哪些問題。**哪些事情老闆不清楚，應該適時提供資料，甚至由你開口補充細節，攬回對話的主導權。**總之，業務員要靈活採取行動，幫老闆做種種安排，促使會談順利進行，才算是稱職。

將功勞歸功第一線業務員

從老闆的角度，也可以適時協助業務員，例如緩頰說：某個狀況的產生，是因為公司的某項規定，或是某個部門的過失，而非這位業務員不努力……等。

原則上，既然業務員是主角，老闆就儘量少說話。但在適當的時機，幫業務員一把，效果往往是不錯的。

反過來說，如果處理得當，客戶很滿意，老闆也不要因為自己出席，認為都是自身的功勞。既然主角是業務員，就該歸功於他。

此外，老闆要讓業務有「扮演主角」的健全心態，還有一個重點是：要把關鍵資訊與人脈提供給業務，不要讓他感覺在跑腿。

老闆若是把業務員當成要角，提供重要資訊，甚至介紹人脈關係，業務員也會更樂意負起責任。反之，若老闆把業務員當成跑腿的，業務員也可能得過且過，讓公司發展因此受限。

結論

業務員才是主角，老闆也該放手讓他當主角

◆ 謹記跟客戶會談時，業務員自己才是主角，該開場、該說話、該攬回主導權的時候都要跳出來。不要因為老闆去了，就讓自己淪為配角。

◆ 不要以為老闆什麼都知道！如果業務員要帶老闆一同拜訪客戶，要利用會前會，向老闆簡報本次拜會的人、事、時、地、物，讓他預先做好準備。

◆ 在會談之前，業務員應取得老闆適當的授權，甚至談判策略與簡報都要事前演練過，才能藉著老闆的經驗與知識，優化談判的策略。

◆ 會談過程中，業務員要主控全場、臨機應變，給老闆所需的資訊；甚至適時幫老闆擋子彈，避免讓老闆直接遭到客戶指責。

◆ 老闆也該放手讓業務員當主角，隨著業務員的成長，將重要的資訊、關鍵的人脈逐步提供給他，讓他負起責任，獲得戰功。

15 師父引進門，修行在個人，抓緊機會把人脈變成自己的

既已見過高層，就要抓緊人脈

為了集合台灣珍貴的企業院士，針對成長型及轉型期的新進企業領導人，傳授精煉的經營智慧，我成立了中華經營智慧分享協會，簡稱智享會。為了順利推動，我邀請這些院士，也是知名企業家一起聚餐，他們都有意願參與，未來可能擔任新進企業的導師。席間，我更為智享會的執行長引見了這些重量級的企業家，事後並帶著執行長一一拜訪他們。

不料，當智享會要再次拜訪這些企業家，卻並不順利，花了很長時間才敲定。為什麼？原來，執行長是透過協會祕書跟企業家的祕書聯絡，關係隔了兩層以上，當然難約。其實，執行長透過我的引見，跟企業家已經見過面，彼此早就有了交集，若執行長設法直接跟企業家聯絡，把這些企業家變成自己的人脈，事情的進展就會順暢得多。

死抓住人脈的主管，發展受限

但也有情況相反的故事，屬下願意建立人脈，主管卻死抓不放。從前我有個老闆，常常叫我帶東西給一家客戶的採購經理，用個信封密封起來，我根本不知道他在裡面寫了什麼，就像是「送貨員」，把資料送過去而已。

後來我跟採購經理聊，蒐集很多資料向老闆報告，老闆卻說，不用了，你說的我都知道，這位經理是我的好同學。我才恍然大悟，原來他們之間早就關係密切，我蒐集資料都是做白工，心裡就不大愉快，老闆有資訊都不告訴我，好像把我當跑腿的而已。

看來，他根本不想把人脈交給我，但反過來說，相關事務也都得靠他自行處理，永遠也交不出去。

從故事中看見迷思

擔心僭越，失去建立人脈的好機會

上述故事的第一個迷思，是協會執行長自我設限，也許是不敢僭越，認為人脈關係是我的，不是他的，才會隔一層透過祕書，從協會公事公辦的角度邀請企業家，反而缺少了溫度及拉近距離的機會。其實，他需要將關係變成自己的，才能更順利地推動。

第二個迷思正好相反，老闆擔心員工超越他，把人脈關係變成員工的。老闆可能是擔心，萬一員工跑掉了或有異心，會對他不利，但這是錯誤觀念；身為主管，應該要用心管理，善用人才，而不是死抓人脈不放，防屬下像防賊一樣。

員工不要自我設限，要將人脈轉換為自己的關係

當你是員工，主管將人脈引見給你，就該打鐵趁熱，找各種理由，迅速地、積極地將人脈轉換為自己的關係。

假如當天有合照，不妨把照片傳給對方；甚至當天就交換Line，事後運用社交軟體聯絡。如果發現對方還缺什麼資料，不妨親自送資料過去，再跟對方見一面。對於主管已經引見一次的人脈，要運用各種可能的方法去接觸，才會真正變成你的關係

當然，**人脈與交情的建立都得靠自己，若是透過祕書，就是交辦公務，不是建立人脈。隔了一層，少了溫度，將無法建立真正深入的關係。**

員工要能獨立作業，不要過度依賴主管

當員工過度依賴主管，不建立自己的人脈，往往是心態出了問題。也許是他不夠了解主管，不敢「僭越」；或是聯絡一兩次遇到挫折，就打退堂鼓，卻不設法解決問題；也可能他根本觀念錯誤，覺得自己沒有接手人脈的必要。無論原因為何，最後都是一再依賴主管去聯絡。這是錯的。

員工一定要有正確的心態，主管將人脈引見給你，你一定要趕快積極接手，對公司、對個人的發展都有益處。**若是聯絡時遇到挫折，可以借力使力，請主管再出馬一次，幫你打通關**。但絕對不是每次都依賴主管，而是藉著主管幫你開路的機會，自己再

去拜訪，跟對方熟悉，直到你自己完全接手為止。

老闆要有度量，員工超越自己反而輕鬆

前面提到，我曾遇到一位老闆把我當成跑腿的，雖然我願意接手人脈，甚至積極蒐集情報，他卻半點不領情，所有訊息都不告訴我。其實，既然他已經讓我負責這家客戶，就該給我充分的資訊，或許經由我的拓展，可以做成更多的生意！

主管若有度量，將人脈關係介紹給員工，幫他辦事，自己不是更省事嗎？某些主管害怕業務員後來跟客戶比自己更熟，就把關係搶走，其實這是錯誤的。人脈的維繫受到許多條件影響，也跟公司的競爭力有關，並不是員工能輕易搶走的，只要主管用心管理，不必為此憂慮。

相反地，若主管不信賴員工，反而可能讓優秀人才掛冠求去。而且這種心態會讓主管永遠無法放手，公司也不能成長。**建議主管敞開心胸，善用公司的人才，替他們引見人脈，進而為公司創造最大的效益。**

結論

員工要將人脈變成自己的，主管也要願意放手

◆當你是員工，主管將人脈引見給你，就該打鐵趁熱，找各種理由，迅速地、積極地將人脈轉換為自己的關係。

◆人脈與交情的建立都得靠自己。無論透過祕書或任何人，都隔了一層，少了溫度，難以建立真正深入的關係。

◆若是聯絡時遇到挫折，可以借力使力，請主管幫你開路，藉此機會再去拜訪，跟對方熟悉，直到你自己完全接手為止。

◆主管也需要敞開心胸，善用公司的人才，替他們引見人脈，才能為公司創造最大的效益。

16 七大基本心理建設，讓自己永保衝勁與熱忱

只要明天不死，有什麼好怕的！

某位年輕企業家，年僅三十三歲就接任一家大企業的董事長，可說人人稱羨，生涯正值巔峰。不料，她卻在接任董事長隔年，發現自己得了癌症，群醫束手無策。

不知道何時會離開人世的她，到日本北海道住了兩星期後，有了另一番體悟，她說：「經過這件事，對於人生的取捨，我只在乎會不會死，只要明天不死，就沒有什麼好煩惱，沒有什麼不敢嘗試的。」置之死地而後生的這位年輕企業家，從此變得很勇敢，勇於嘗試。在迎向新挑戰的企業領袖中，她往往是其中最年輕、也是唯一的女性。當然，她的事業發展也成果斐然。

這位企業家的故事，正可當作業務員／管理者的借鏡，天大的事情，只要不是攸關生命，又有什麼好怕的？再多的困難，不都是讓我們越磨越光、快速升級的墊腳石嗎？

從一故一事一中一得一到一啟一發

積極面對生命幽谷，盡力而問心無愧

這個故事的啟發，一言以蔽之，面對難處，我們應該把它當作「天將降大任於我」的前期磨練，欣然接受，以「盡人事聽天命」的積極態度勇於面對。

假使我們努力過，即使最後不成功，我們也會因為盡過力而問心無愧。何況，努力途中還會有許多出乎你意料的收穫與驚喜，所謂「山窮水盡疑無路，柳暗花明又一村」，就是這個道理。延伸來談，還可歸納出七大基本心理建設。

一、不如意事十之八九，有難處是正常，心理建設是樂業關鍵

作為一個業務員或業務主管是很辛苦的，每天要面對客戶、供應商、主管、屬下、同事、眷屬……，要面面俱到，是很高難度的一件事，也因此會產生很多無形的壓力。

所以我才強調「明天不死就沒什麼好怕」，由此出發，做好基本的心理建設，讓自己處於逆境或負面情緒時，能夠很快地平衡心情，不會因為生氣、失望而失去鬥志，進

而保持身心快樂，讓自己永遠有衝勁與熱忱。

比方主管對屬下，要了解屬下常犯錯是必然的，畢竟他們的經驗、閱歷都少。所以，每天屬下向你報告的十件事中，即使有八、九件事是壞消息，也不用太過沮喪，因為它的機率值仍在合理範圍內；能解決這些麻煩事，更代表著你的價值。

至於屬下對主管，也要知道主管要求多、甚至挑剔都是正常的，他對工作的分配更不可能盡如你意，畢竟他承擔比你更重的責任，也有他的策略考量。

總之在職場，不如意事比較多，不要以為奇怪。做好心理建設，就能維持「敬業」、「樂業」的動力於不墜。

二、業務員／管理者就是問題解決者，勇於面對，正可一展所長

身為業務員更要體認，問題的產生是一種正常現象。試想，如果你任職的公司，其產品無論在規格、品質、價格、交貨期方面都無懈可擊，那你豈有一展所長的空間？你存在的價值又在哪裡？

任何交易，過程都不可能一帆風順，訂單與問題往往相伴而來，這就是所謂「No

Order No Trouble」和「More Order More Trouble」的道理。如果您有「業務員／管理者＝Trouble shooting」的認知，並做好心理建設，了解搞定麻煩事是常態任務，一旦問題出現，無論是發生在哪個環節、哪個時間點，相信您一定可以勇於面對，坦然處理。

三、客戶不合理的要求是正常的，坦然面對更有轉機

從某個角度來看，你的薪水可以說是客戶付的，所以他們當然有權利向你抱怨，要求你「絕對地」配合他們。因此我們應該盡可能用「易地而處」的立場去揣摩客戶的心態，體諒他的急躁、憤怒與謾罵。

一旦有狀況，首先要爭取的是談判空間與處理時間。作為業務員最忌諱的就是逃避不敢接電話，讓客戶在無所適從下，心理由焦急轉為情緒化，使原本單純的問題越來越複雜，終至無法收拾。

切記，即使面對非預期的問題，你手上也沒有足夠的資訊回應客戶，你還是必須以樂觀、坦然的態度面對。雖然多數情況下，不是挨罵就是被掛電話，但只要你誠懇地向客戶告知狀況，以及預備採行的補救措施，即使無法立刻解決問題，但客戶絕對能感受

到你的尊重與關懷，進而冷靜下來，理性地告知你真實的需求，讓你可以清楚掌握問題、解決問題。

四、供應商不合理的要求是正常的，難纏的對象，正是練功良機

如果你是通路商或代理商，別忘了，沒有供應商，就沒有通路或代理商存在的必要，彼此是一種共生關係。換句話說，你必須依賴供應商才有錢賺，這是很現實的。這樣一想，對於供應商的不合理要求，就能比較泰然處之。

其實，**無論你扮演何種角色，碰到難纏的客戶、主管或是代理商，都應該不悲反喜，因為這些「難纏的對象」，正是磨練你的耐性，提高你功力的好助手。**與其怨天尤人，不如正向看待，與難纏的對手過招，斡旋數次後，必能精進而快速成長，甚至還會以此當作自己的一大樂事。

五、難處理的事，才能彰顯你的價值，讓你累積經驗，邁向成功

面對職場上的問題，切勿怨天尤人，因為這正是磨練自己、快速提升的好機會。能夠把難處理的事情處理好，才可以彰顯你的存在價值，這也是「一般人才」與「一流人才」最大的分水嶺。

當問題產生時，你的供應商、主管及客戶端的主管，都會同時關心，並展開一連串的會商以便解決問題。問題越嚴重，關心的主管層級也越高。此時，你不但可認識平常難得面談的高階人士，還可趁機展現你處理危機的能力，拉近與高階主管的人際關係，並學習他人處事的方法與技巧，藉此累積更多的經驗，自然可以在往後避免大部分的問題，增進你的工作能力，進而創造客戶的需求，走向成功之路。

六、業績不佳、心情低潮是正常

人無千日好，花無百日紅，有時業績不理想，會低潮是正常的，它正是提醒你改變的時候，讓你可以檢視順勢時所可能忽略的事項，不見得是壞事。

重要的是，應該儘快度過低潮，重新燃起鬥志，努力改革，保持忙碌才可度過難關；反之，則將惡性循環，而且於事無補。

七、人前風光，背後必有代價，不必過度羨慕

「人比人氣死人」，當我們非常羨慕某人的成就，但自己又達不到，往往會充滿沮喪的負面情緒。其實換個角度看，**凡事都有正反面，很多人在公開場合穿金戴玉好不神氣，背後或許都有您不知道的另一面**。別人比你富裕，也許他忙於工作，疏於照料家庭。主管領的薪水比你多，但他每天加班，還把工作帶回家，成天煩惱。就算是含著金湯匙出生的富二代，接班的壓力也大得不得了呢。

正所謂：「別看人前風光，誰知人後珠淚暗垂。」所以不必過度羨慕別人。雖然在工作上，我們難免都會因為「比較」，而造成心情低潮，但是有時候，不妨也轉念看看，一定有人比你更不如意，「比上不足，比下有餘」，你累積到目前的成果，還是值得欣慰，給自己一些獎勵再出發吧！能這樣想，心情自然就能好過許多。

結論

碰到問題泰然處之，反而創造成功契機

◆在職場，不如意事十之八九，不要以為奇怪。做好心理建設，就能維持「敬業」、「樂業」的動力於不墜。

◆碰到問題，或主管、客戶、供應商不合理的要求，都是正常的。能解決難題，才能證明你的價值。

◆進一步想，當問題發生，你的供應商、主管及客戶端的主管，都會同時關心，正是你跟他們建立關係、從中學習的良機。若你能提出解決辦法，你的貢獻也更有機會被看見。

◆比上不足，比下有餘，回頭想想你已經擁有的成果，就能幫助心情好轉，振作起來再出發。

17 把關者也是協助通關者，與修章建議者

當管理部槓上業務部

友尚從香港到上海的供貨，現在是每週兩次，但在過去的某段期間，一週只送一次，不過，當時若碰到緊急情況，業務員提出申請書後，經業務部門主管同意，還是可以請營運管理部緊急出貨。

然而，我卻經常看到某些管理部同仁，為了扮演好自己把關的角色，即使業務員已經依緊急作業流程的規定完成申請，還是從嚴審核，對急著要出貨的業務員說：「這筆訂單應該沒這麼急，我看下禮拜再出貨就可以了。」

為此，著急的業務員跟管理部同仁爭論起來，到了最後，常會聽到管理部同仁直接對業務員說：「你自己去和我們管理部主管說吧！他同意我就放行。」

到底是哪個環節出了問題呢？

從一故一事一中一看一見一迷一思

把關者未盡其責，將問題複雜化

這個故事中，營運管理部的同仁扮演「把關者」的角色，其迷思是碰到問題一律駁回，並把自己該負的責任拋給上層主管，等於讓自己退化成橡皮圖章。

第二個迷思是，把關者要求業務員直接找管理部主管溝通，等於是讓不熟悉管理部作業的同仁，去跑管理部內部的流程，使問題複雜化，浪費主管的時間，甚至導致公司掉單。

把關者要有心理建設，隨時擔任協助通關者

其實，**跑內部程序，本來就屬於把關者的職權範圍**。以緊急出貨的例子來說，公司最在意的關鍵點，諸如緊急出貨的必要性、例外申請造成的問題、增加支出的費用等，營運管理部的把關者最清楚。所以，應該是把關者綜合考量後，完整而直接地向營運管理部主管報告。

公司是分層負責的組織，在自己的職責範圍內，每個人都負有部分把關者的權責。因此，**在任何必須簽核的關卡，一旦有特殊情況或緊急作業需求等例外情形發生，都應該由負責該項作業的把關者出面進行建議、協調**。

把關者千萬不要往上推託或不置可否，碰到特殊情況，必須發揮自己的專業，整合問題的始末後，向上層主管報告、請示。把關者也要避免本位主義，單單以自身部門的成本或方便而考量；相反地，應該從公司整體利益出發，經過加減乘除綜合考量，找到合適的解決方案。**換言之，人人都會是把關者，但同時也應該扮演協助通關者的角色**。

從根本解決問題，積極溝通改善

有時候，**某些例外需求、爭議與問題不斷發生，相關人都應該反躬自省，原本的工作習慣或流程，是否有些根本問題存在？**也許過去的方案只是頭痛醫頭，腳痛醫腳，並沒有找到造成問題的根本原因，提出有效的對策。

當你找出根本原因，也有解決的腹案，就該提出建議，將解決方案納入工作的作業流程。如此，同樣的問題就不會再度出現。

當你在追根究柢的過程中，若發現問題發生在其他部門或單位，仍要設法溝通與改善。甚至，**當你在解決問題時，碰到組織職位權限或階級的疑慮，也無須畏首畏尾，而應鼓起勇氣，向有權限的主管簡報狀況並請示做法。**

如果某項異常狀況發生，相關文件需要經過你簽核或會簽，不可草草了事，而應審慎思考，加註你的意見，給更高階的簽核主管參考。

更進一步，固定檢討自己或團隊每日的工作也是重要的。若發現日常工作中有多餘或不合時宜的流程，不妨考慮刪除，或採行更有效率的方法。

這些檢視的過程，都是幫助公司解決內部根本問題的關鍵。

把關、協助通關、修章建議三位一體

把關者除了可能擔任協助通關者，也要同時扮演Debug的角色，意思是針對現有作業流程的bug，也就是缺陷，提出制度化改善的「修章建議」。

比方在把關的時候，若經常發現需要簽核的單據過多，或是例外的申請爆量且一再重複，你就必須敏銳地察覺到，是否作業流程不符合公司現況的需求？還是流程設定過嚴，讓其他部門必須不斷提出例外申請？

例如，營運管理部原本規定，從香港到上海每週供貨一次，認為可兼顧成本效益與市場需求。然而，當營運管理部不斷接到例外申請，就應該深入了解客戶與業務的實際需求，進而考慮直接改成每週供貨兩次。

可見，把關者除了嚴格審核外，也要發揮自己的專業，快速尋求問題的解決方案，積極扮演協助同仁的通關者。**更應該敏銳地Debug，針對時常發生的例外申請，探討其根本原因，並向相關的高階主管提出具體建議方案，以修訂不合宜的成規。**「把關、協助通關、修章建議」可說是三位一體，為密不可分的工作職責。

結論

把關者不是消極的橡皮圖章，應扮演積極的角色

- ◆把關者遇到衝突或爭議時，不能將問題丟給主管或其他同仁，讓自己只扮演橡皮圖章。

◆ 當例外申請或特殊狀況發生，身為把關者，並非一味卡關，此時應考量公司整體的最大利益，積極提出與自身職權相關的專業建議，協助通關者快速尋求問題的解答。

◆ 當異常狀況或緊急作業需求發生，你呈上簽核的文件，一定要附註意見與說明，避免因說明不清被主管退件，造成延誤。

◆ 把關者同時要Debug，對於時常發生的例外申請有敏感度，積極探討其根本原因，提出修章建議，以修訂不合時宜的成規。

18 不忽略任何一個機會，索樣是商機的開始

重視索取樣品的客戶

在公司規模還不大的時候，幾乎半數的樣品單，業務員都會按照流程送給我簽核。我會問他們很多問題，例如為什麼要這麼多樣品？這些樣品是用於哪幾個機種？對方公司在做什麼產品？這些樣品如果獲得採用，未來的採購量大約是多少？採購條件怎麼樣？通常業務員都無法完整回答，常常在我桌子前面一站就是二、三十分鐘。

經過這些詢問以後，業務員重新去調查，往往會得到比較充分的資訊，來評估客戶有無潛力，就能決定這份樣品該不該送、要不要免費提供、是否該安排主管去拜訪等。

有時候還發現很多競爭對手的客戶，因為零件供應上出了問題等原因，找到我們頭上來。甚至我們公司內部都有紀錄，關注這些客戶已經很久了，過去一直想攻都攻不進去。我發現這些是很好的契機，因此，不但同意提供樣品，還吩咐主管積極與客戶互

動，最後做成了很多的生意。

許多當時被我詢問，站了二、三十分鐘的員工，那時候覺得很煩，離職以後談起反而很感謝，認為這是最好的機會教育。

從｜故｜事｜中｜看｜見｜迷｜思

輕易放過商機，錯過成交契機

這些業務員的迷思，是因為客戶只是要樣品，就不在意，僅僅把對方的需求一字不改地回報主管，無形中變成一個傳聲筒。

也可以說，這些業務員是自我設限，沒有完全了解客戶的背景與潛力，所以判斷失準，導致抓不住機會，或浪費了資源。

樣品單或出貨單的簽核，是最佳的機會教育

樣品單或出貨單的簽核，表面上看是一套流程，**其實是一種機會教育**。透過簽核，

讓主管有機會教導業務員正確的處理方式，**這是最好的「工作中教育」，留下的印象比任何教育訓練都深刻，因為這件事跟業務員切身相關。**

對業務員來說，因為這樣的簽核流程，從主管那裡學到許多判斷的準則，學會該先處理哪些事情，以及如何處理，就累積了寶貴的經驗。

從企業管理的角度，則對出貨單或樣品單都要設計一套簽核的ＳＯＰ（Standard Operation Procedure，標準作業流程），當業務員接到一個新的需求，**超過某些條件時，業務必須要呈給主管簽核，讓主管能夠對業務人員做機會教育**。免得好不容易有一個客戶進來，卻被業務人員隨意報價，甚至愛理不理，就失去了這個客戶。

主管簽核後可能產生兩種行動，一種是正面的，比方要好好服務這位客戶、拜訪他，給他一個很好的產品組合，安排客製化的服務，或是派更合適的業務人員前往拜會等等。

另一種是負面的，例如發現這位客戶過去有不好的紀錄、信用不好、財務狀況不佳，或是這個產品沒有後續的商機，搞不好公司連樣本都不用送。

新客戶背景調查並建檔，精準掌握客戶需求

當出貨單或樣品單來自新客戶，公司應有一套正確的流程，進行客戶建檔。要求業務員先去調查，客戶過去在別處的交易行為是什麼？交易金額若干？客戶公司大概有多大規模？是不是有潛力？我們的產品跟他是不是有交集？這些資訊都要清楚。

甚至在建檔的時候，不是業務員接了案，直接就建進去，而是要呈報上一級主管，甚至上兩級的主管都看過，才可以建檔。

換句話說，建檔絕不是把資料直接丟進電腦這麼簡單。公司應該把建檔當作一個機會，或一道檢視客戶資訊的關卡。藉著這個機會，在客戶資訊輸入電腦之前，加了一層或兩層的篩選與檢視，讓公司拿出更有效的策略來服務客戶。

樣品是工具，適當應用增加商機

無論是新客戶的訂單，**或是既有客戶的新訂單，往往從客戶跟你索取樣品開始，太小氣的話就會喪失機會。**要抓住這些機會，必須要適時提供相當數量的樣品。

如果你不提供，競爭對手可能會提供，就搶走你的機會。

這個道理也經常應用於食品業、餐飲業，商家會提供潛在的客戶試吃品，甚至給得相當大方，目的都是刺激客人的購買慾，帶進後續的商機。

主管重視機會，嘮叨就是傳承

因為主管重視機會，在樣品單、出貨單簽核過程中，業務員往往會被主管問很多問題，甚至站二、三十分鐘。要是你碰到了，不要覺得不耐煩。

換個角度想，這表示主管重視每一個機會，也給你機會提升啊！**他願意花這麼多時間在你身上，就是在做經驗傳承，等於幫你做了一次個案分析，花錢去上課都不見得能學到這麼多。**而且你還因此有機會抓住潛力客戶；或篩掉不值得後續的客戶，避免做白工。實在是非常划算的！

這就是為什麼，從前被我嘮叨過的業務人員，離職後反而覺得感激，因為這是最好的機會教育。

結論

任何客戶索取樣品或詢價，都是商機的開始

◆任何一份來自客戶的詢價、樣品申請或少量的訂貨，都是一個新的契機，不要輕易地忽略它。

◆因此，從企業管理的角度，在客戶資料建檔輸入電腦之前，或是碰到一張新的出貨單、樣品單，都必須要經過一級或兩級主管的檢視，再決定朝哪個方向走。

◆如果認為送單的客戶有潛力，該給折扣、該給樣品都可以儘量大方，要讓樣品成為增加商機的工具。相反地，如果發現對方沒有潛力，就要為公司把關。

◆最後，如果你的主管重視每一個機會，甚至對你嘮叨，恭喜你！你遇到了一個努力幫你把握機會、提升業績的好主管！千萬不要不耐煩，反而應該把握機會學習！

19 機會隨時都臨門，懂得利用就成通關關鍵

靈光與不靈光，差別很大

有一次我到高雄一趟，本來是同仁父親過世，我要去致意，但告別式是下午，我就想趁上午到高雄分公司一趟，畢竟也兩三年沒去了。

我原本以為分公司的幹部會把資料準備好，在會議室向我簡報，沒想到抵達以後，他們居然說會議室正在施工裝潢，今天不方便開會，讓我有點錯愕。裝潢改期不難，但是董事長或總經理這種層級的長官難得下來一次，分公司主管怎麼不懂得利用機會，用心報告成果，爭取資源或人力呢？

又有一次，銀行不經意地打電話來說，高階主管要帶屬下來拜訪我跟公司的財務主管。財務主管向我報告，我自然問：對方有什麼事要來談嗎？財務主管就有點輕忽地說，對方只是順道來坐坐。然而，若財務主管都沒準備，就算我參加，對方來了也只是

閒聊而已，完全沒有建設性的成果。

相反地，重視機會的同仁，也是有的。像我到北京有行程，北京的主管就很靈光，知道從我下飛機到第二天中午的行程，中間還有一段空檔，他就問：如果我到機場接您，您可不可以跟我一起去拜會某位重要客戶？第二天早上，我還約了一位重要供應商，您可否和我們一起吃早餐？

其實我並沒有特別通知北京分公司主管，說我會去，要他預作準備。只是他看到公司內部公告，知道我要去北京，就主動聯繫我，安排行程。因為他抓住了機會，於是成果斐然。

從一故一事一中一得一到一啟一發

抓住機會，借力使力

上述故事有兩項迷思與一項啟發。第一個迷思是不知道輕重緩急，分公司經理居然因為裝潢施工，錯失了跟董事長報告的契機。第二個迷思是輕忽機會，財務主管以為銀行高階主管只是順道來訪，沒有深入思考如何趁機替公司加值。

北京主管的行動，則是很棒的啟發，跟前兩項迷思正好成為鮮明的對比。他不但抓住機會，甚至主動邀約，有效運用董事長到北京的空檔時間，敲定重要的客戶或供應商，也讓業務順利推展。

善用高階主管力量，讓業務快速通關

無論面對客戶、供應商或銀行，我方與對方高階主管都出席的機會是很寶貴的，要懂得善用。某些事情，你自己跟低階承辦人接洽，可能是談不攏的。但當雙方高階都在場，彼此商談，就有機會讓這件事得到對方高階主管的重視，未來很容易推行。

以銀行高層來拜會為例，所謂「順道來坐坐」是對方客氣的說法，他們其實是來考核客戶的營運狀況是否正常。**既然如此，我們可不能毫無準備，應該要充分準備資料，顯現公司的優勢才對。**

更進一步，如果銀行的高階經理人會到，平常交涉業務的辦事員也會來，財務主管還應該抓住大好良機來溝通。平常他跟底下的人說不通的事情，無論是利率要調整或是放款額度要提高，都可以趁雙方高階主管在場，一次談妥。

雙方高層出席的機會不僅寶貴，有時甚至是唯一的機會。平常若是一件事情遲遲未通關，你根本無法越過承辦人，去邀請對方的總經理等高階主管，因為這是越級報告，可能得罪人。此時，若對方高層主動提出要來拜會，豈不是天上掉下來的良機？假如有什麼事卡關，也是我方高層跟對方在溝通，並不是你越級報告，不會因此被對方承辦人修理。這種好機會，怎能不把握呢？

重視主管的約談，甚至主動創造機會

有時主管約談，找你某個時間去報告，一定要重視。即使主管說只是吃個飯、聊聊天，你也要做好準備。若是以為隨便閒聊就算了，你就錯過了機會！

某些高階主管，一年只有一兩次機會跟你單獨碰面、聊天、討論，輕忽以對實在不智。建議你充分準備，例如最近工作上遇到哪些問題，趁著聊天討論、氣氛良好的時候提出來。

甚至，你還應該主動創造機會，就算主管不找你，你也可以向主管提出，是否可以約某個時間談一談。只要你提出需求，充其量是會面時間往後排而已，應該不至於完全排不到。結論就是，**當主管找你談，要做充分準備；即使他不找你，你也該主動找他。**

各種場合都有機會，趁機敲定合作關係

每一次的客戶或供應商拜訪行程，事前的準備也十分重要，可能要在公司內找主管開會前會，進行簡報的排練，甚至針對客戶、供應商可能提出的需求，彼此商談的條件等，**事先爭取主管的授權，才能當場解決問題，甚至敲定訂單或合作關係。**若不當場敲定，回來再說的話，不知要等到何年何月。

同樣地，吃飯、打球、論壇、研討會、午晚宴……，參加任何場合，都可能碰到不同的對象。有時候，自己公司的高階主管，和客戶或供應商的高階主管，甚至對方的承辦人剛好都在場，你不妨把握機會去接觸，趁著見面聊天氣氛良好，點出一些重要的事項，爭取對方高階的認同，也許他會同意，回頭請他的屬下跟你接洽。

這類場合，可說機不可失，你若沒有走上去攀談，機會就不再來。以後要把這些人

剛好都湊在一起，是很困難的任務，特別去約見面，也可能越級或失禮，根本無法成局。此時，把握偶然見面的良機，就成了通關關鍵。

比方雞尾酒會或宴會場合，兩三個人在聊天，所談的事也許根本和你無關，但聊著聊著，帶到了你的需要，對方高階就可能交代屬下，辦妥本來不好辦的事。等於是把握別人創造的機會，帶到自己想談的主題。**不過也要留意，避免一直談自己的需求，喧賓奪主，反而造成其他人的不悅。最好是點到為止，讓我方的高層幫忙接話，提出需求，成功機率才會高。**

結論

掌握各種機會，往往成為致勝關鍵

◆某些例行性的拜會，經常在無意中被輕忽。當外界的高層來拜會，聊聊、坐坐都是機會，不可放過。

◆懂得利用機會，善用高階主管力量，可能讓事情快速通關。有時，偶然的機會甚至是唯一的機會，因為你根本不能越級去邀請雙方高層坐下來談。

◆對內，要重視主管的約談，做好準備，甚至主動創造機會向主管報告。

◆對外進行洽談、拜會之前，需要會前會與排練，並事先爭取主管的授權，才能當場解決問題。

◆機不可失！把握各種場合，尤其是雙方高層同時都在場的時機，往往成為致勝的關鍵。

第三章

工作技能的精進

20 人脈建立的眉角，帶著熱情創造交流機會

宴會讓你不開心？

有一次，某個朋友跟我一同出席一個宴會，他坐在某一桌，我在另一桌。中途他就跑來跟我抱怨，他認識的人與朋友都坐在其他桌，他覺得主人很不夠意思。對他來說，吃這頓飯很無聊、很尷尬，很想提早離開。

我就說，你不是常常跟我說，你是業務人員，想拓展人脈嗎？同桌都是不認識的人，你應該高興才對，這不是建立新的人脈最好的機會嗎？

他一聽，突然想通了，拿起酒杯去敬酒、認識人，結果當天的宴會不但不無聊，他還很高興地聊到十點多，建立了許多新的人脈關係。

從故事中看見迷思

只想和舊識聊天，錯失建立新人脈的好機會

這位朋友的迷思是，心裡想要建立人脈，做事的方式卻背道而馳。他寧可跟認識的人膩在一起，談一些無聊的事情，也不懂得利用機會去認識陌生人，拓展人脈。

利用機會，採取行動拓展人脈

想要人脈嗎？其實不難。你的行動模式，往往直接影響人脈的建立。

例如參加一場宴會，主辦方有疏失，把你排在周圍都是陌生人的座位，只要你的觀念正確，就能利用這個疏失，轉化成自己拓展人脈的機會。

最重要的關鍵就是帶著熱情，勇於接觸不認識的人，跟他交換名片。這樣做，一桌就能認識大約八個人。

坐了一會兒之後，你甚至可以拿起酒杯或水杯，到各桌去敬酒認識人，聊一下彼此做什麼工作。敬過一輪之後，如果你覺得某人有生意上的合作可能，或他是值得交的朋友，等到上第六道菜、第七道菜的時候，就可以走過去，坐在旁邊跟他聊。甚至趁他起身的時候，在走道上攀談。

活動結束，才是互動的開始，二〇%回應就滿意

宴會或活動結束後，更是許多人忽略的地方。據我的觀察，在一場活動或宴會中，往往很多人在當天交換名片，但是第二天、第三天過去了，什麼動作都沒有。這樣的「互動」，做了也等於沒做。

想積極建立人脈的人，做法完全不同。宴會完以後，只要有值得交流的對象，第二天就會發一封電子郵件給對方。如果當場有機會交換Line更好，可以發個Line訊息，之後就能繼續互動。

此外，**發出去的訊息，不要寄望全部都有回覆，收到二〇%的人回覆就非常好了。**想想看，你只是發出簡短的問候，花的時間並不多，卻可能建立良好的人脈關係，實在非常划算。

避免預設立場，更要主動交流

我們有時候會預設立場。去參加一場宴會，總要先看看出席者名單，發現名單裡面有哪些人我們想認識，就想藉這個機會去接觸他。**但預設立場的結果，有時候不如己意，**例如想認識的人臨時沒來，我們就很失望，甚至早早就開溜了。

但要是你不預設立場，搞不好坐在你旁邊的人，就是你意想不到的人脈。這就是正向循環，多出席活動，熱情參與，久而久之，自然有機會建立新的人脈。

更進一步，你應該走出去，說出你在做什麼，也就是Go out. Speak out. 不只是受邀**赴宴時順便去聊，而是「主動」創造許多交流的機會，例如參與活動、講座、報名課程等，讓別人認識你，你也了解一下別人在做什麼。**

除此之外，你甚至可以「主動」邀約，例如請客、球敘、舉辦業界交流等各種活動，邀請人前來，自然有機會和他們產生交集。然後，你便可以積極去接觸值得互動的對象。

主動爭取服務他人的角色

任何時候，你有機會參加某個社團或組織，無論是扶輪社、獅子會、業界論壇與研討會，甚至公司福委會，這些組織都會選出幹部，從總幹事、社長、各級幹部到帶討論的小組長等等。碰到這種情形，許多人都會逃避，然而，你卻要主動爭取這些為大家服務的角色。

這也是建立人脈的眉角。首先，跟你一起擔任幹部的人和你會有私交。而且**因為你擔任幹部的角色，自然而然就會服務別人，增加許多拓展人脈的機會。**

帶著熱情「參與」活動，不是「參加」

在公司裡，某部門辦一場研討會或任何活動，往往大家都不會很熱心去參與。對外也是一樣，無論客戶、供應商舉辦的會議或論壇邀請我們去，我們經常都說很忙而推辭，就算去了，也是人到心不到，只是參加罷了。

所謂「參加」，可能是應付一下，準時到、準時離開，甚至於遲到早退。

熱心「參與」就不一樣，事前你可能會提早到，活動中積極與人互動，甚至結束收拾的時候，你還幫忙整理，事後繼續跟主辦人保持聯繫，表示下次他需要會再提供協助，這就是建立關係。

可惜，大家總在需要時希望別人來幫忙，但別人需要的時候，卻吝於伸出援手，這樣當然不會有人脈。相反地，若你主動，就給人留下好印象。

一緣生根萬緣長，有意盡在無意中

當你一旦有機會認識某些人，不要因為短期內用不到，或是沒幫上忙，就不去維繫它，久而久之，這段緣分就不見了。將來若是需要找這個人，想重新連結未必辦得到。平時不燒香，臨時抱佛腳是沒有用的。

因此，一旦有緣相見，要讓它生根，也就是聯絡、互動、維繫，甚至能幫上忙的話要熱心協助對方，就能夠「一緣生根萬緣長」，意即讓這份人脈可長可久，延伸出更多機會。

有意盡在無意中，則是比較高的境界。意思是，不因為某條人脈有具體的作用，或是明顯能幫上忙，才「刻意」經營它。若是如此，在對方看來，會很容易看破手腳，覺得你過於現實。

相反地，在沒有利害關係的時候，就像好朋友維持正常的互動，彼此幫忙，那麼，當你真正需要對方協助的時候，對方也會樂於伸出援手。**無意中所栽培出來的情分，比有意的經營更加可貴。**

結論

主動帶來人脈，人脈助你成功

◆要人脈，必須打破慣性思維，在任何場合走出去結識人，不預設立場。

◆除了湊巧碰到的人脈之外，要主動創造交流的機會，例如參與活動、講座、報名課程等，甚至自己主動舉辦各種活動。

◆請積極爭取在活動中服務他人的角色，擔任幹部。在交流過程中，要熱心「參與」，而非單純「參加」，帶著熱情常常幫助人，將對人脈經營大有裨益。

◆為了有動力開拓人脈，你不妨這樣告訴自己：人脈是成功的要素，需要用心把握機會去經營，才能成功。

◆即使看起來暫時沒作用的人脈，也需要維繫。無意中所栽培出來的情分，比有意的經營更加可貴。

21 簡報影響一生，人生無處不簡報

一場簡報定輸贏

公司的華東區定期要在上海進行季報，也就是業務簡報。某位同仁報告之後，我就找他到辦公室來，說他做得很好，講得很有條理，報告得非常理想。

我進一步具體地指出，他不但充分消化簡報的內容，而且言之成理、邏輯清晰，反映他的工作能力優異。我決定將他升為另一部門主管，額外加給他一些工作。他說他十分訝異，完全想不到，一份簡報竟然讓他升遷。

相反地，另一位同仁也有個值得深思的故事。他是一位業務員，某次在公司抱怨說，他跟對手競爭顧客的訂單，價格比對方漂亮，交期比對方早，很納悶為什麼會輸掉。我聽了他的說法後，就我的經驗分析，很可能是他在簡報時沒有做好，才讓他失掉生意而不自知。

從一故一事一中一得一到一啟一發

升遷或拿下訂單，每次簡報都是一次機會

上述一正一反兩個故事，給我們重要的啟發。每次簡報都是一次機會，任何人都很少有機會對老闆或客戶的Keyman做簡報，必須掌握。如果沒有認真面對，很可能錯失良機。

老闆通常不會告訴你，你簡報做得如何，只是將你升遷或讓你降職。客戶更是如此，他們不會告訴你，你的簡報出了什麼問題，只是不把訂單給你而已。這是簡報的難點，你往往不知問題何在，甚至還誤以為自己做得不錯！所以對簡報這件事，不可輕忽，要時時精進。

簡報無所不在，卻又機會難再

大部分人可能對簡報有誤會，以為要做一份「簡報檔」才是簡報。其實跟老闆或客戶閒聊、對談，或任何形式的開會、報告都是簡報。**簡報的形式不是單一的，可說無所**

不在，有時也沒有機會讓我們準備，說來就來，我們必須靠平日累積的素養來應對。

但簡報又是「機會難再」的一件事，每次報告都是難得的表現機會。比方說，員工要見到老闆或許一季、甚至一年才一次，業務員要見到某公司總經理更可能只有一次機會，下次要再找他，也許永遠都辦不到，所以對於任何形式的簡報與表達機會，都要非常重視。

簡報有如炒菜，功夫非速成

從這個角度看來，容許我們事先準備的商務簡報，就更不能輕忽了。每場商務簡報都有它的「目標」，即使贏得聽眾注意或掌聲，卻沒有達到目標，一點意義也沒有。你必須在四個階段：簡報前的準備、簡報稿的製作、簡報時的臨場發揮、簡報後的回應，都下足功夫，才能一氣呵成，引導聽眾對你的提案或訴求買單。

我們可以用做菜請客來類比：了解客人的背景、喜好，擬好菜單，就像是擬定「簡報的架構」；依據菜單準備食材就像準備「簡報的資料」；將這些食材適當地組合，就像是進行「簡報稿製作」並設計「呈現方式」，像是主要議題與次要議題分別是什麼？

報告議題的先後次序等等，都要在這個階段決定。

實際烹調，下鍋炒菜，又是另一門手藝，就像「臨場簡報」一樣，需要長久的經驗累積。例如：時間的掌握、語氣的調整、如何因應對方現場提問、如何引導對方回應你的訴求，甚至當場達成共識……等。**簡報既需要事前完整的沙盤推演，也要臨機應變做出良好的反應，才能獲致好結果。**

簡報前的準備必須充分，對資料知之甚詳

簡報前一定要先了解，與會者有誰？他們的層級與權限為何？是可做決策的人或是建議者？他們慣用的語言與專業領域是什麼？以此決定內容。如果可以，儘量跟對方窗口事先溝通，避免提出讓雙方尷尬的議題。

此外，簡報時一定要把我們提案的「訴求」納入，在與會者權限範圍內，提出確實可行的建議方案。若能跟對方窗口事先討論，提出可行性高的訴求，效果就會更好。

尤其，簡報者對簡報中提到的所有議題，都要知之甚詳，並備妥相關資料，事先消化過一遍。**簡報最怕未經消化，盯著簡報檔照唸，若能充分消化，就不至如此，甚至可**

以不用看簡報檔或打開資料，侃侃而談，用自己的話來表述簡報與資料中的內容，效果絕佳。相反地，**某些主管直接拿屬下提供的資料進行簡報，對內容沒有消化，當別人提出問題就很容易穿幫，甚至讓人否定其能力，不可不慎。**

簡報非易事，事前事後都要準備與調整

要養成簡報的功夫，除了事前準備之外，還要加上事後的檢討與調整。

當然這是很困難的事，難點在於：我們很少有機會從對方的角度，了解他們認為你的簡報優缺點為何？我們只能從拿到訂單或掉單的結果來反推，但通常影響結果的因素，並不只是簡報這一項而已，所以檢討絕非易事。

因此要調整簡報，往往只有熟悉你業務的直屬主管能做，而且他還要對相關領域非常懂才行。有時候，就連直屬主管也未必能辦到。最後，還是得自己力求精進。

簡報非易事，要像拍電影一樣慎重，事前準備時，跟主管或同仁試講，然後調整；不要怕修改，修正五次、十次都有可能，該NG重來就要NG！當然，這些過程對你都有好處，因為每修改一次就是增進一次記憶。經過練習的過程，臨場你就會知道怎麼

講，表現更出色。至於事後，則需要評估哪裡講錯，哪裡時間控制不好等等，這些都很重要。

簡報是員工能力的綜合表現，台上一分鐘，台下十年功

簡報的好壞，一翻兩瞪眼。台上一分鐘，台下十年功，看似簡單的報告，實在反映了一個人的整體能力。在簡報時，如果你對內容沒有消化，前言後語欠缺邏輯架構，很容易被人找出破綻，對你的評價大為降低。

因此，**對主管而言，也不妨運用公司內的會議與簡報，評估員工的綜合能力，往往可以看出一個人才是否值得重用。**

結論

每個人的一生都在簡報

◆簡報的形式不是單一的，可說無所不在，但又機會難再。

◆簡報就像炒菜，功夫無法速成，事前準備固然重要，臨場反應也不可或缺，相關能力必須靠經驗累積而得。

◆簡報最怕未經消化，盯著簡報檔照唸，若能充分消化，就不至如此，甚至可以不用看簡報檔或打開資料，侃侃而談，效果絕佳。

◆要養成簡報的功力，除了事前準備之外，還要加上事後的檢討與調整。態度要像拍電影一樣慎重，不要怕修改，該NG重來就要NG！經過這些過程，就能表現卓越。

◆對主管而言，也不妨運用公司內的會議與簡報，評估員工的綜合能力，往往可以看出一個人才是否值得重用。

22 一場簡報定輸贏：事前規劃和事後追蹤

簡報輸人，只是口才不好？

有一位業務同仁準備了許多資料，到客戶處做簡報，最後沒有拿到生意。他回來跟同事聊天，忍不住說，我準備了這麼多資料，內容豐富又完整，卻是別人拿到生意，可能是競爭對手口才比較好吧？其實我的執行方式與內容應該都勝出才對。

他一定想不到，這種思維，已經讓他在進行簡報的每個瞬間，不知不覺失去許多機會了！

從｜故｜事｜中｜看｜見｜迷｜思

成功的簡報靠的不只是口才！

這名業務員的迷思在於，他以為簡報只是口才的問題，並非如此。口才只是其中一部分，並不是全部。

他會失掉生意，問題可能出在簡報的內容上，包括原始內容的思考邏輯不夠縝密；表達的邏輯不清楚；執行方法不太到位……等，而不單單是口才的問題。

架構內容比口才更重要

一般人很容易誤以為，簡報憑口才決勝負，要做好簡報，就要訓練口才。其實口才只是條件之一，充其量是讓簡報更流暢而已，並不是決定簡報成敗最關鍵的因素。

簡報的架構與內容才是重點，即使口吃、講得不太順，內容絕佳還是會贏得喝采。例如跟美國客戶談生意，我們的台式英文，要和美國競爭對手的代表比口才，一定不夠好，但跟美國人搶生意，我方卻不見得會輸，為什麼？因為商務簡報，比的是內容與架構，不必過度擔心因為語言而失分。

反而把簡報的成敗都推給口才，才會讓我們昧於事實，無法求取進步。

搞清楚提案的對象，對方要的是什麼？權限到哪？

簡報前一定要先了解，聽的人是誰？他們要的是什麼？而且要思考，滿足對方的訴求之後，我方的訴求是什麼？如何提出？邏輯都要非常清楚。

再者，要知道聽簡報的人，其層級與權限為何？是可做決策的人或是建議者？他們慣用的語言與專業領域是什麼？

如果這些事情沒有弄清楚，你所準備的資料可能都不會「對位」，例如你提出的訴求超過對方的權限；或你花時間談了許多細節，但對方高階主管對此並不在意，反而希望你在幾分鐘內扼要說出重點……等等，若是無法「對位」，可能讓辛苦準備的簡報，效果大打折扣。因此，**如果可以，請儘量跟對方窗口事先溝通，對提案的對象預作了解。**

對象不同，內容不同；同樣內容，講法不同

弄清楚提案對象之後，隨著對象和目的不同，簡報應隨之調整，包括簡報的內容架構、主要理念、議題與訴求點，甚至使用的詞彙都要留意。

比如說，當簡報對象是屬於半導體產業或通路相關業者的話，就可以使用半導體業界的專業用語，不必多加解釋，更快速地進入主題。相反地，如果是法人或不同領域的對象，就應該考慮使用淺顯易懂的字眼。

甚至，當簡報的內容完全都一樣，對不同對象的訴求點也不同，講法與深度也不一樣。對低階人員，你講得太高深，對方可能聽不懂，或不在他的核決權限內，說再多也無效。另外，同一份內容，某些部分可能對客戶比較有用，某些角度卻對供應商較有助益。因此，應把握有效溝通的原則，從不同角度切入。**簡報應根據與會者的層級，與其關注的焦點，決定哪些部分要強調，哪些部分要簡化。**

訴求要找對主角，不要對牛彈琴

提案或簡報時，還常常遇到一種狀況，就是「對牛彈琴」。明明對方是採購人員，我方去提案時卻講了一堆技術專有名詞，對方根本聽不懂，讓氣氛十分尷尬。

反過來說，提案時對技術人員談許多關於價格、行銷的內容，對方也不會有興趣，聽不進去。若是發生這類狀況，簡報或溝通效果往往是最差的。**建議事先多做功課，找到關鍵的提案對象，用適合他們的內容來進行簡報。**

歸納總結、事後追蹤的重要

簡報或會議一定要總結。一場會議開一、兩小時或更長，若沒有把當天的討論加以總結，做成行動計畫，就難以帶出後續的行動。

具體地說，**在一場簡報最後，應該把當天報告的重點、我方的訴求、對方的回應、哪些地方需要進一步修正、哪些問題尚待回答……等，都做一番整理。**這樣做，不但能彰顯會議的效率，還能再次確認雙方的認知，不會漏失或錯解重要的細節。同時，也讓與會者對你的辦事能力、專業形象留下良好的印象。

當然，對於雙方共識事項與行動計畫的執行、待修正或待確認事項的完成等，事後追蹤也十分重要。**最好在會議當場就能協調、指定出各部門或單位的窗口，會後就能針對負責窗口進行追蹤，讓執行得以落實。**

結論

事前規劃，事後追蹤，缺一不可

- ◆簡報的架構與內容才是重點，即使受限於天賦或母語限制，有時講得不太順，內容絕佳的簡報還是會贏得喝采。
- ◆如果可以，請儘量跟對方窗口事先溝通，對提案的對象預作了解。根據他們的需求、背景與偏好來調整簡報。
- ◆簡報的設計上，對內容架構、主要理念、議題與訴求點，甚至使用的詞彙都要留意，以符合對方的需要。有時甚至同樣的內容，也要變化不同的切入點。

◆在一場簡報最後，應該把當天報告的重點、我方的訴求、對方的回應、哪些地方需要進一步修正、哪些問題尚待回答……等，都做一番整理。

◆至於事後追蹤，最好在會議當場就能協調、指定出各部門或單位的窗口，會後就能追蹤，讓執行得以落實。

23 目標設定，以終為始，善用OKR工具挑戰不可能

過於保守的業績目標

我輔導一家新創事業設定業績目標，但負責人的設定相當保守，下一季應是旺季，卻只設定成長一〇%到二〇%；明年全年的成長更只有五%到一〇%。

問他為何設這麼低？他回答，因為目標設得太高，業務員會領不到獎金。某些人已經領到一部分獎金，假如業績目標忽然拉高，就再也領不到了。負責人覺得這樣做，對他的屬下不太公平，會造成怨言且打擊士氣。

從｜故｜事｜中｜看｜見｜迷｜思
KPI和業績目標不該混為一談

這個故事的迷思是，把發放獎金的KPI（Key Performance Indicator，關鍵績效指標），與業績目標混為一談。

目標一定要設得高，看的是未來前景。現況看來「不太可能達到」的高度，才是企業應該有的視野。至於獎金發放的問題，可以用許多配套機制來解決，以此為理由而設定過於保守的目標，是本末倒置。

缺乏具挑戰性高階思維，將難以成長

目標設定太保守的內在原因，可能是出於Easy going的心態，留在自己的舒適圈裡面；過去做多少業績，未來只要差不多、混過關就好了。

這種心態，就是缺乏具挑戰性的高階思維，很容易滿足，怕給自己壓力，是不好的現象。健全的企業或優異的同仁正好相反，會挑戰高目標，給自己壓力而帶來成長。

對個人而言，你如果沒有具備挑戰思維，不足以挑大樑承擔重任。業績目標太保守，很怕自己達不到，獎金受影響，這種人不適合當主管。相反地，另一種人不考慮自己的獎金問題，很有挑戰的心，先求衝高公司整體業績，甚至以倍數成長為目標，相信把餅做大，獎勵自然會來，這種人就適合當主管。**高階主管也會注意到設定高目標、積極追求成長的人才，予以重用。**

設定長遠目標，及早提出行動計畫

企業發展，應該設定長遠的目標，而且是具挑戰性的成長目標。目標設定之後，就能「以終為始」，及早提出行動計畫（Action plan）。

例如，三年後公司要達到某一目標，就從三年後的終點往回推，每個部門從現在開始，應該做什麼事情？第一年要達到什麼目標？第二年又如何？如此一來，無論是增加人手、組織變革、系統更新等，都能藉由完整的行動計畫提早進行。

如果沒有長遠目標，例如三年後的目標，或沒有明確的數字，就可能導致公司缺乏具體的方向與前進的動力，無法採取有效的行動。

獎金與目標設定可以脫鉤

拉高業績目標，不一定會讓員工少拿獎金。企業負責人應從公司整體發展考量，先設定成長目標，再考慮獎金制度如何隨之更動。

當目標拉高，獎金可以不必單單以「目標達成率」來計算。不妨加上「增長獎金」，額外給予獎勵。

例如，某業務員前一年達成一百萬美金的業績，設定來年目標一百五十萬，看來很高，要成長五〇％，如果只以目標達成率計算，他確實不容易領到獎金。但若是納入「增長獎金」的制度，就算來年他只達成一百四十萬，業績沒有達標，也不會沒有獎金，因為他的業績比前一年增長了四〇％，自然可以拿到增長獎金。

沒有壓力，就沒有增長原動力

設定的目標太低，很容易達成，就失去企業成長的動力。企業一定要有可資追尋的目標，跟賽跑很類似，如果一個人跑，很容易放慢腳步，若前面有個人跑得比你快，你就會一直追著他。

設定目標，有壓力，有競爭，員工就像跟目標在比賽，自然產生成長的動力。

善用OKR工具挑戰不可能

要讓公司同仁能有一致的目標，自動自發去檢視進度，並以達成或超越目標為成就感來源，需要有一套好的工具讓大家有所依循。

其中一種叫OKR（Objectives and Key Results，目標與關鍵結果）工具，由最上層先訂立一個大目標（或願景），獲得幹部認同後，再由上往下訂各層的目標，每一層所訂的目標都是為了配合達成最上層目標而設。**而各層目標的設定，是由各層主管經過部門同仁討論後自動提出，不是上級硬性規定，以確保大家有使命必達及高度參與的意願，這是成功的一個重大要素。**

訂好目標之後，再訂各層級應該達成的關鍵成果（Key Results）及時程表，每週／每月／每季檢查進度，如果有不合適的部分可以修改，也可以增加。**每一層的Key Results數目不在多，三、四個就夠了，太多就不叫Key了。**

為了達成關鍵成果，當然也需要策略（Strategy）的配合，所以也有另一個工具叫OGSM（Objectives Goal Strategy Measurement）。其實是大同小異的工具。

OKR的達成，並非是百分百達成或超過目標才算最好。因為有些幹部太保守，目標訂得太小；有些則願意挑戰不可能的任務，訂定高目標，雖然達成率只有八〇％，仍是值得讚賞及提拔的對象。

換句話說，**從OKR目標的設定及執行細節，可以充分看到幹部的積極性、挑戰心以及執行力。**它可以與KPI獎金制度脫鉤，或者並行。

結論

在壓力下成長，訂定行動計畫，挑戰不可能

◆對個人而言，如果不具備挑戰高標的思維，不足以挑大樑承擔重任。

◆高階主管也應經常留意能設定高目標、積極追求成長的人才，予以重用。

◆企業應設定長期目標，提出明確的數字，目標要高、願景要大，再從目標回推，透過完整的行動計畫逐步達成。

- ◆當目標拉高，獎金可以不必單單以「目標達成率」來計算。不妨加上「增長獎金」，額外給予獎勵。
- ◆設定目標，有壓力，有競爭，員工就像跟目標在比賽，自然產生成長的動力。
- ◆公司高階主管可善用ＯＫＲ等工具，訂立大目標，並讓同仁配合大目標，自行討論出各層級的目標，產生積極動力；再輔以定期進度追蹤與檢討，進而挑戰困難的高標。

24 設立有意義的目標，目標切割越細，越容易達成

立下有意義的目標，激發潛力達成！

有一位朋友經營糕餅生意，過去生意興旺，今年碰到了新冠肺炎疫情，上半年面臨虧損。總經理召開中秋月餅的目標會議，往年的訂單量大約是四萬盒，幹部提議提高至五萬盒，總經理不滿意；又提高至六萬盒的目標，總經理仍不滿意，最後訂了十二萬盒的目標，是往年的三倍，也是可以讓今年達成損益兩平的「有意義目標數」，看似是個瘋狂、不可能達成的任務。

決定目標後，總經理開始將十二萬盒目標作分配，總經理以身作則，承諾負責三萬盒，其餘分配下去，幹部每人負責五百盒，同仁每人負責一百盒。

大家接到明確目標後，開始努力尋找客戶，天南地北找親朋好友來捧場，無所不用其極，最後超出目標達到十六萬盒。

甚至，其中一位同仁碰到車禍，解決糾紛後，想到後車廂有一盒，就拿出來送給對方，居然意外得到對方一千盒的訂單。真是自助天助，心想事成！

從一故一事一得一到一啟一發

領導人當領頭羊衝業績，讓全公司上下一心

這位總經理跳出框框，訂下一個有意義的目標，自己又以身作則，激發了同仁的潛能，大家同心協力，終於完成了不可能的任務。故事啟發我們，人的潛力無窮，碰到危機，如果領導人能以身作則，帶領同仁共同努力，就可能達成任務，度過危機。

這個案例也説明了，當員工認同任務並被賦予目標之後，看到機會就會積極促成。否則容易變成事不關己，即使機會擺在眼前，也不會有任何行動。

有意義的目標，容易激發潛能

如果公司設定的目標具有重大意義，比方說損益兩平、創年度新高、歷史新高、第一名……，**同仁就會認同任務，也知道為何而戰。**當大家有一共同的具體目標，各部門就會自己規劃具體行動方案，全力以赴達成任務。

當一個目標達成後，高階主管可以再想下一個有意義的目標。不斷地產生新的目標，就不斷地產生動能，讓整間公司變成有目標、有動力的戰鬥團隊。

人的潛能無窮，但看目標所激發的力量夠不夠。領導者的責任，就在於設法激發同仁的潛能。

主管以身作則，更能同心協力

設定目標時，**如果主管能夠以身作則，一起挑戰不可能的任務，就更容易讓同仁認同並加入戰鬥行列。**如同案例中的總經理，自己承諾了三萬盒，是往年總訂單量的四分之三，幾乎是不可能的任務。同仁看到總經理都敢承諾不可能的任務，就再也沒有任何理由拒絕「相對簡單」的任務了。即使對他們來說，那仍然是高標！

然而，如果主管只規劃屬下的目標，自己不跳下來，同仁就會覺得喊一喊就算了，不會真正捲起袖子來打拚，任務就不容易達成。

切割成小目標，讓成果效益超乎預期

許多時候，當我們檢討整體數字時，因為數字很大，大家會感受到壓力。比如說，A區業績今年有五千萬美金，明年的目標是成長三〇%，一下要多做一千五百萬美金。這麼大的數字，一般人都會覺得壓力很大，心理上就先抗拒「幾乎不可能做到」。

反過來，如果將A區切割成五十個小區，以每個小區一百萬美金為基礎，設定明年目標，同樣要求成長三〇%的話，您會發現每個人都會很樂意接受，因為小區只要再多跑幾家客戶就能做到三十萬美金，感覺不太有壓力。

其實，這兩個方案的終極目標都是一樣的，只是表達的方式不同，就顯現出截然不同的效果，在心理上產生一種對數字的迷思和錯覺。因此，當您**在做組織規劃和重新定位調整時，不妨也盡可能將區域或產品分工得越細越好，在精耕策略之下，同仁因為目標範圍明確，更能專注於被賦予的領域，將任務執行得更深入**。若是範圍太大，很多時候反而讓人無所適從，不知從何著手，結果東做西做，粗耕之下反而不容易有具體成效。

以深圳為例，過去我們公司每年業績約一億多，大家都覺得市場有限。後來重新切割，劃分為九大區域之後，從中共找出了八十多個工業區，讓許多高階主管嚇了一跳，原來過去還是有許多忽略掉的地方！業務開發如此，管理層在訂定KPI的角度也是如此，只要切割得更細，讓每個人都分攤一點點，對每個人來說反而不會是負擔，甚至成果效益還會大於原先設定的預算或目標。

每日一小步，一週寫一篇，一年就有五十二篇！

同樣的道理，可以應用到許多其他領域。人們在設定目標時，往往會覺得壓力很大，不太可能完成，但如果每日走一小步或每週完成一小段，就相對容易了。以寫書為例，一本書至少要七、八萬字，看起來遙不可及。但如果設定每週完成一篇兩千字的文章，一年就有五十二篇，超過十萬字，感覺好像很輕鬆就可以達成了。

這看起來很像數字魔術，但實行起來確實很有效，可以幫助我們利用片段時間完成一些目標。

提醒大家，**當達到目標時，也不要忘了及時犒賞一下自己，或獎勵一同達標的團隊成員，才容易再完成下一個目標！**

結論

為目標賦予意義，以身作則，精耕深入

◆當公司設定的目標具有重大意義，比方說損益兩平、創年度新高、歷史新高、第一名……，同仁就會認同任務，也知道為何而戰。

◆設定目標時，如果主管能夠以身作則，一起挑戰不可能的任務，就更容易讓同仁認同並加入戰鬥行列。

◆無論設定業績目標、做組織規劃或重新定位調整時，不妨分工得越細越好。在精耕策略之下，同仁因為目標範圍明確，更能專注於被賦予的領域，將任務執行得更深入。

◆當達到目標時，也不要忘了及時論功行賞，才容易再完成下一個目標！

25 電梯識人哲學，勇於開口升遷機會多

老闆真可怕？

我們公司有九層樓，有時候會遇到一個狀況，我在下樓的時候搭電梯到了五樓，電梯門打開，本來可能有三、四個同仁要進來。當同仁看到我在裡面，他們通常都會講：「我在等人，等下一班再進去」。

其實我心裡也知道他們不是在等人，卻偏偏說要等下一班。我想是因為他們看到老闆，心裡可能會害怕，或者覺得電梯裡是高階主管，就不太敢進來，進來了也不知道該講什麼話。所以他們會說：再等下一班。

偏偏這幾個人我可能認識，就算不認識，也會透過跟我一起下樓的主管知道是哪幾位。不敢進來的人，假如將來遇到升遷考核，本來要加薪五千的可能變三千，三千可能變一千；本來要升經理的，可能會留在副理。

老闆並不可怕，但看到老闆就躲，反而可能虧大了！

從故事中看見迷思

錯失良機，失去在老闆眼中的好印象

這些人的迷思，就是害怕老闆會問他業績，讓他心裡有壓力。

他們不知道的一個重大迷思是，不敢進電梯的人，就喪失了他在老闆眼中的好印象，在升遷時會吃大虧。

遇到主管，消極說哈囉，積極毛遂自薦

如果員工看到老闆在電梯裡，我第一個建議就是，要進去，一定不要退縮。**最消極的做法，就是進去打哈哈**。稱讚老闆的領帶很好看，你最近氣色很好，甚至天氣不錯，或者談談最近做些什麼活動，聊一些跟工作不相關的東西。這雖然是消極的，總比不敢

進去強。

如果你是員工，**更積極一點，就是進去自我介紹，讓老闆知道你是什麼人，在做什麼事**。也許老闆感覺到，你說話非常有條理，笑容很燦爛，或者對工作內容表達很精準，說不定他在拔擢人才的時候就會想到，這個人不錯啊。

即使老闆不記得你是誰，如果有其他主管一起在電梯裡，他可能還會打聽，剛剛那個講話有條理、笑容可掬的員工是哪個單位的。這樣你就增加了非常多的機會。

對於真的很害怕的員工，我可以提供一個觀點來化解疑慮。**其實老闆也沒有這麼閒，當老闆也是很忙、很煩的，總不希望搭個電梯還聊一些令人頭疼的問題。所以這都是多餘的顧慮。**

怕舉手，不進電梯，吃大虧而不自知

延伸來談，公司開完會之後，老闆常常會問，還有沒有什麼問題或建議？屬下大都是靜悄悄，不敢表達，事後可能又非常後悔，剛剛為什麼不講？好不容易可以向老闆表現一下，卻又**不敢發問，這種態度往往讓員工浪費了非常多的機會**。

剛才不敢進電梯的員工，也是一樣。尤其在業務導向的公司，這些人連看到自己老闆都怕，何況他們面對陌生客戶，怎麼敢跟對方的老闆攀談？從這樣一個小地方就能看出，這些人是不合格的，老闆對他們的評價馬上就降低了。

勇於介紹自己，主動發言，創造機會

反過來說，不只是對自己的主管，平常在外面遇到人，你若能勇敢地介紹自己，也可以為自己創造更多機會。

不要預設立場，只理會自己預先設定要拜會的人。比方今天去拜訪客戶的採購部，當正事已經談完了，忽然來了一個路過的研發部，或其他部門的同仁。這時候，建議你勇於去攀談，不是刻意說有什麼目的，只要走出去自我介紹，說不定你就會有意外的收穫。

再者，大型活動或講座當中，最後都會留Q&A的時間，問大家有沒有問題。**下次你不妨嘗試，針對講座的內容設定一個問題，勇敢地舉手發問。**

在華人社會，有時候大家不太敢做這件事，即使聽不懂也不敢問。此時，敢問的人就會有收穫，也可能讓主講人認識你，拓展更多的人脈。

主管心法：拔擢勇於表達的人

從主管的角度，透過一些場合的表現，可以看出哪些人比較會成長。假設員工在電梯敢跟老闆打招呼，主動表達；大場合Q&A的時候敢舉手；吃飯聊天的時候能插入話題；那麼，當這些員工碰到不熟的人，大概也會更敢自我介紹，表現較為積極。

評估升遷時，主管不妨留意拔擢這樣的員工，因為這些特質直接攸關員工的工作表現。平常敢於表達的員工，你可以想像，這樣的人到了客戶或供應商那邊，就容易把對外的人脈建立起來。

這種員工也可能在開會時敢於建議，讓公司的會議不是一言堂，你在決策時，也有機會得到更多的參考資訊。

結論

別輕忽電梯識人哲學

◆進不進電梯或舉不舉手，看似是一件小事，實際上，它很可能攸關一位員工能不能成長，甚至於工作的能力。

◆身為員工，有機會跟長官搭電梯，或有機會表達意見時，應該勇於表現。

◆身為主管，更可以利用這些場合，觀察員工的潛力。

◆我建議主管拔擢勇於表達的人，換句話說，意味著勇於表達的人，通常也比較容易升遷！你想升遷嗎？第一件事，別怕跟長官一塊搭電梯！

26 主動創造回應，回應不好等於服務不佳

一盒紅茶的故事

有一次，一家會計師事務所的同仁拜訪我，送來了一盒紅茶，原來他們在九二一大地震之後，認領了南投災區一家生產紅茶的茶園。因為事務所把它包下來了，每年採收之後，事務所就會拿紅茶送給客戶。是很有意義的一個公益行動。

我收到紅茶以後，禮拜天就泡來喝，喝了以後我覺得還滿好喝的！於是我就把我泡的茶、茶壺，還有他送的茶盒子放在一起照張相，然後傳回去給他。

對方非常高興，立刻回給我一封訊息，感謝我的回應。他說，以後每年都會送這個茶園的茶葉給我。

從一故一事一中一得一到一啟一發

建立人脈的第一步：回應對方的好意

這個故事的啟發是，收到禮物，最基本的是回應對方：收到了。對方一定期待快速收到回應，如果你不回應，對方根本不曉得你收到沒有。

更進一步，就是把禮物打開，看了、吃了或使用後，告訴對方具體的感想，主動創造互動的機會。

藉著回應，跟對方多了一次交集，對於人脈的建立，也會很有幫助。

主動創造互動契機，給人溫暖的感受

從收禮物這件事延伸，無論你聽完一場演講、收到一本書或有任何收穫，應該主動回應提供這份收穫的人，創造互動的契機。這是個溫暖的舉動，將讓對方感到愉悅。

更進一步，就像把禮物打開使用後，告訴送禮者具體的感想，給出言之有物的讚美，會讓對方印象深刻；同樣的觀念也可應用在任何領域，不管聽演講、閱讀、與人開完會、參訪某個機構或參加任何活動，都可以主動回應，將你的感動與對方分享。這樣做，必然讓人產生好感，可望與他人建立長期的關係。

收到訊息即時回應，在群組也要保持互動

除了主動創造回應機會，被動回應也要積極。別人發訊息來，一定要即時回應，能夠馬上回答對方的問題最好。不過，**有些答案不是現在就有，怎麼辦？可以回應說，我收到了，等一下處理；或改天我再告訴你、下禮拜我再回覆你。**這樣做，對方就確定你收到了。

如果你加入一個群組，就要有動靜、給人回應，否則你只是表面上加入了一個圈子，實際上沒有投入，別人約吃飯或其他活動也一定不會找你。如此一來，加入這個群組就沒有意義，對人脈的拓展也毫無幫助。

回應不要太慢，也別太快，可摘取重點適時回應

剛剛雖然說要即時回應，但也別回得太快。收到別人的訊息，請至少看一下再回。

例如，對方送來的訊息也許是一個影片，或是其他檔案，需要五分鐘才看得完，結果你不到三秒鐘就按讚，對方馬上知道你沒有看，只是禮貌性地按讚，顯得你很不夠意思。因此，請稍微留心對方傳來檔案的大小，太快回應也不對，太晚回應也不對，而是選擇在適當的時間做出回應。

有時候，也許對方傳來五分鐘的影片或檔案，你沒有時間全部看完，但至少點閱其中一部分，在裡面找到一些重點，然後就那個重點回應，比方說，「你的第幾頁或某一段，所講的觀念非常好。」其實你並沒有全部看完，但對方就會覺得，他傳遞給你的內容，你有用心在看。

若有延誤，事先通知，讓對方心裡有數

對老闆或同事，也是一樣的道理，回應太快不對，太慢也不對，沒有回音更不對。

例如，老闆交代的事情，本來你答應禮拜三會完成，卻還沒做好。但因為你有點怕，不敢回應，就默默地沒動靜。等到老闆過幾天來問，弄好了沒有？才趕快回應說，其實遇到了哪些問題，講一大堆理由。

為什麼你不能在禮拜三之前就告訴他，「這事情我還在處理，可能沒有那麼快，因為發生了某某狀況，也許要下下禮拜五才可以給你。」這樣至少是在事前通知，而且說明了合理的原因。老闆就不會總是狀況外，你也不會給人一延再延的感覺。

重點就是，假如做不到，要在截止期限之前給對方訊息，讓對方心裡有數。

老闆不問，不是忘記，僥倖心理可能讓信用破產

很多人都有僥倖心理，以為老闆交代了任務以後會忘記。例如，本來你答應下禮拜三交件，時間到了做不出來，看看老闆沒有動靜，你也不處理，到了禮拜五，甚至隔週的週一，就以為老闆會忘記，不會來催了。沒想到幾天後，老闆忽然想起來要問你，你給他的印象就不好了。

老闆不問，往往不是忘記，只是他很忙，暫時沒想到；或者他在等你，看看你夠不夠積極，答應的事情會不會兌現。

這就是所謂的信用，可能因為這一點小事，老闆覺得你的信用不好，就會認為你不夠格承擔大任，甚至讓你失去升遷的機會，不可不慎。

建立自己的信用是成功關鍵

對客戶、供應商都是一樣的道理，例如交貨，或某一項服務的過程中，**表面上看起來，「回應」只是傳個訊息、寄一封電子郵件，其實它代表了你的信用。**

如果某個業務，讓客戶覺得他是沒有信用的人，答應了什麼時候交貨，往往都是草草了事，沒有真正在時限內完成。甚至拖延了，也不提供資訊，客戶不問就沒有消息，這樣給人的印象就很不好。久而久之，訂單一定被別人拿走。

所以即使客戶沒有來問，只要服務出了狀況，都要主動回應。否則，當他再也不來催的時候，反而對你造成很大的傷害，因為他覺得對你已經失望，那就更慘。

結論

回應不好＝服務不佳，主動與被動回應都要積極

◆ 沒有回應、回應太慢、回應太快，或很草率地回應，表面看起來像是回應不好，其實統括就是「服務不佳」。

◆主動回應，給人溫暖，創造互動機會，有助於未來人脈的建立。

◆收到訊息，應立即回應，就算沒有具體答案，也讓對方知道你在處理中。

◆無論老闆或客戶，當他們對你提出要求，而你做不到，要在截止期限之前給對方訊息，讓對方心裡有數。

◆不要小看回應，它不僅影響服務的品質，甚至決定了一個人是否受到信賴。

27 培養五四三聊天能力：充實自己，懂得提問

打死不退的業務員

我有個朋友是保險業務員，其實一開始我跟他不熟，某次我們公司辦培訓，他剛好知道了，就問能不能來參加，我不好意思馬上拒絕，只好勉為其難答應。後來剛好名額滿了，我就跟他說，請他最好不要來，其實鬆了一口氣。

沒想到當天他還是來了，而且買了許多點心，中場休息請我們公司的幹部享用，大家都吃得很高興，彼此的距離拉近了不少。經過這段過程，我開始發現這位朋友的一些優點。

某次出遊的旅途中，我發現這個人身上帶了很多書籍和雜誌，無論是紅酒、法律、政治、經濟、管理，他都廣泛閱讀。他是不是都很懂，我無從得知，只知道他總是在吸收這些知識。

後來看他跟客人聊天，就發現他幾乎什麼都能聊上幾句，對方喜歡紅酒他就談紅酒，也能談威士忌；遇到政治或其他話題，都能適當地回應。我發現，這是因為他在背後做了很多的功課。

由於他有藥劑師的背景，碰到別人頭痛、腳痛、各種疑難雜症，他更是服務周到，甚至從袋子裡拿出藥來。這就是一個標準的業務員，懂得如何聊天，並且用服務的精神來助人。

猜猜看，我有沒有買他的保險？答案當然是買了，而且跟他成為無所不談的朋友。

從｜故｜事｜中｜得｜到｜啟｜發

廣泛涉獵各類知識，陌生場合也能游刃有餘

這位業務員有許多特質，都能給人啟發，其中一項我稱為「五四三的聊天能力」。業務員要跟客戶建立關係，需要培養這種五四三的能力，台語講的「五四三」，就是「隨便聊」的意思。

他為了這種能力，背後下了很多功夫，比方廣讀雜誌，看許多節目，或參加許多活動，才有五四三可談。無論是政治、紅酒、生意、貿易，甚至於八卦，這些常識可能都要懂一點，才能聊得起來。**簡而言之，要具備五四三能力，需要廣泛地充實自己。**

太忙無法充實自己？需要取捨

我經常遇到有人問我，工作與生活已經很忙，怎麼可能涉獵那麼多的雜誌、文章，或參與那麼多活動？大家都覺得好像做不來。其實，根據二八法則，建議你重新調整時間，把一些不必要的東西去掉。

平常我們會在臉書花很多時間，我不否認在臉書爬文，可能有助於五四三能力，但是效益不夠高。其中許多是無聊的、對你沒幫助的，講某某人跟家人去玩，甚至於去哪裡吃飯打卡，跟你完全無關。在這種情況下，花時間逛臉書，容易造成時間的浪費。

因此，你需要砍掉一些不必要的事務，才有多的時間來閱讀，充實在你的領域裡面

需要的常識與知識。

選擇資料閱讀，記住標題與關鍵字

我們不可能什麼都懂，所以需要選擇資料閱讀。通常會選跟你的行業相關，或是你經常拜訪的對象可能感興趣的領域，優先找書籍來讀。此外，一般性的時事、商業動態也不能忽略，坊間的雜誌如《商業周刊》、《天下》、《財訊》、《今周刊》等等，都是很好的資源。

閱讀的時候，若沒有時間深入，你不妨大量地瀏覽，**至少要看過許多新聞的標題，或記住很多領域的關鍵字，了解大概的意思。**

例如對於中美貿易戰，你並不需要懂得很多。只要掌握一些關鍵字，比如貿易戰、二五%的關稅、什麼時候可能會執行等。詳細內容未必要通通了解，像是加徵關稅商品的品項，或許多的分析報告與細節，沒時間看也沒有關係。

提出開放式問題，讓對方暢談

所謂開放式問題，簡單地說，就是你講一句，對方需要回答很多句；你講一分鐘，對方要講五到十分鐘。不是一問一答，而是創造機會讓對方暢談，發表許多意見，讓對方感到很開心。

要做到這點，你平常就需要了解聊天對象對什麼感興趣，對哪些領域比較熟悉。再藉著大量閱讀獲得的標題與關鍵字，在聊天中拋出開放式問題，對方就能對答如流。

像是跟對方說：「這次的中美貿易戰影響很大，三千億美元的中國商品，輸入美國要加二五％的關稅，請問對你的影響怎麼樣？」開放式的問題拋出來以後，其實大多是對方在解答。

只要你懂得拋問題，就能聊得起來。答案對方會自己說出來，甚至談得很愉快。藉由提問，讓對方暢談是最重要的。

不要開門見山，但五四三後還是要導入正題

一般而言，客人進門之後，**我們如果一下子就跳到主題，要對方買東西，就成了所謂的「開門見山」，讓對方感覺變差**。如此一來，也許就談不下去或格格不入。所以需要先五四三隨便聊一下，然後再切入正題。

不過，五四三只能在前面幾分鐘聊天，聊完之後，就得切入你想引導的話題。**不要因為讓對方暢談，被牽著鼻子走，而要練習抓住對方語氣的段落，切進去轉換話題，達到本來的目標。**

否則你花了半個小時、一個小時都在五四三，恐怕會跟你的核心生意或目標毫無關係。**因此，你在心中需要有一個定見，確定自己的意圖**。像是希望引導客人做些什麼，購買高單價的產品等等。

結論

善用五四三，成為拉近關係絕佳工具

◆要廣泛充實自己，才有五四三能力，跟人聊得起來。

◆要培養談話技巧，透過標題與關鍵字，提出開放式問題，讓人開心暢談。

◆要導入正題。如果只是單純地聊天哈拉，五四三不過是八卦而已。但加上有效的引導，五四三就成為拉近關係的絕佳工具，有助於成交。

28 訓練職場基本功：從接聽電話和打招呼開始

被掛電話的董事長

一群企業老闆聚餐的場合裡，A企業的張老闆對B企業的李董說：「老李啊，我覺得你的公司服務不太好。」

李董不太相信，張老闆就提出一個辦法，請李董自己從外面打電話到公司，請他隨便找一個不是他的祕書聽看看。

李董當場答應，並打開擴音。沒想到一撥進去，這通電話傳過一個分機又一個分機，始終找不到負責人，等到轉了好幾手，接電話的小姐才終於開口問：「你哪裡找？」

李董早就火冒三丈，當場發飆：「我是李董事長！」

「哪位李董事長啊？」

「自己的董事長都不認識？我是李〇〇啊！」

「啊！原來您真的是我的董事長啊。那請問您知不知道我是誰？」電話中傳來的聲音有點緊張。

「我怎麼知道妳是誰？」李董回道。

「不知道就好。」李董猝不及防，電話當場被對方掛掉，張老闆和一群朋友早就笑成了一團。

從｜故｜事｜中｜看｜見｜迷｜思

電話禮儀是企業對外接觸的「第一環」

這個故事的第一個迷思是，老闆經常覺得自己的公司同仁服務沒有問題，因為在公司他以老闆的身分出現，屬下自然恭敬有禮。如果從外面撥電話回去測試，就可能發現問題所在。

第二個迷思是認為電話禮儀不重要，其實不然。電話接聽應答的禮節，不僅是服務的一環，而且往往是企業對外接觸的「第一環」。電話服務品質之重要，足以影響觀感，若是觀感不佳，外人可能根本就不想談下去！

電話禮儀，影響品質計分的晴雨表

許多人對某企業的印象，常是從電話互動開始，從同仁接起電話的那一秒鐘開始，外人對公司的服務已經開始計分。我們的心態如何，從電話裡的用語、聲調就能立即感受得到。

電話禮儀的好壞，是因為同仁天生的「性格」，還是訓練使然？後者影響更大。提升電話禮儀是有要領的，例如電話鈴響三聲內，一定要接起來。不但是自己的分機要接，如果本人不在，座位附近的同仁補位接聽，也必須在三聲響鈴之內！

讓應答的聲音保持愉悅、親切的表情，「請」字常掛嘴邊。一定要避免冷淡、有氣無力、事不關己的口吻，或是急促回應、不專心。由於臉部表情會影響聲音表情與心境，有的公司還會在服務人員桌上擺一面小鏡子，讓同仁時時刻刻確認，自己接電話是否帶著笑容？

一個很好用的體驗方法是，十幾個主管坐在一間會議室，打開擴音，請A部門主管打給B部門的祕書，B部門的主管打給K部門的祕書，因為祕書聽不出這個聲音是來自主管，反應可能就沒那麼親切，甚至隨便敷衍，讓主管們啞然失笑。除了笑之外，更重要的是了解部門內的實況，進而嚴加要求。

微笑管理學，活力一天從Say hello展開

接聽電話需要熱情，其實公司內部的管理也是一樣的。打招呼、Say hello與代接電話，大家可能都認為是很簡單的事，事實上還是有許多人沒有做到。

以Say hello為例，我的公司曾經訓練這樣的積極態度頗有時日，但成效不顯著。後來我到某家診所接受健康檢查，才獲得啟發，我發現接待小姐每一位態度都很良好，即使代理別人的工作，品質一點都沒有打折扣；我以為她們受過許多訓練，想不到並沒有，原因只有一個，就是老闆娘特別嚴格。於是我恍然大悟，**關鍵在主管是否身體力行，嚴加要求。**

事實上，這只是習慣問題，每位同仁心裡一定都很希望跟大家Say hello，也希望天天得到同仁熱情的回應，只需要主管帶頭突破。於是，**我們決定從主管開始示範，每天一早由主管帶頭一字排開，微笑、熱情地跟同仁Say hello，歡迎來上班的全體同仁。**同仁一開始嚇一跳，後來卻大聲回應，驚喜之餘，也跟主管產生許多良好互動。

大陸辦公區執行更徹底，不僅讓主管帶頭Say hello，還每天安排不同職務的同仁輪流向大家打招呼，週一高階主管們、週二協理們、週三變為助理、週四是業務員……，很快就讓整個辦公區的同仁打成一片。活力的一天，就從Say hello開始！

熱情與人互動，是業務基本能力的試金石

我們是通路商，最重要的業務基本能力就是與「人」打交道，**能否隨時隨地展現對人的熱情、對人的關懷，是考量同仁升遷很重要的一項指標。**

如果某同仁在公司面對同事，都覺得害羞、退縮；平常只跟熟人談話；同仁或部門聚餐，連隔桌敬酒都不敢；看到老闆或高階主管等電梯，不敢同乘，腳底抹油馬上開溜；對公司的活動更是縮在一角，不想參加……。這樣的人，可能跟公司以外的陌生客戶、原廠，有良好的協商與交流嗎？他未來可能成為優秀主管或領袖，帶領屬下衝鋒陷陣嗎？

如果這些特質是你的寫照，就要下定決心改變。熱情會帶動各方面的發展，如果你主動、適當地與人互動，獲得成就感，相關的工作表現都可望提升。相反地，**如果連跟人互動也做不到，你可能對許多事物都越來越缺乏熱情，遇到問題也不可能協調各方資源來解決，對你的生涯發展是十分不利的！**

員工的考核，從打招呼和人際互動開始

公司曾經有一位幹部，出席一場與原廠的餐會，雙方高層與許多中階幹部都出席。當其他中階幹部大都沉默不語，只有這位幹部主動、積極地與各位高層互動交流，表面上沒什麼大不了，甚至稱不上有任何功績，但我見微知著，卻把他轉調到更具挑戰性的策略開發單位，對他來說是獲得賞識而榮調，對公司而言則是適才適所，創造更大的效益。

因此，身為屬下，不可不慎，打招呼、與人互動，都可能影響主管對你的評價，甚至職務的升降。**對主管而言，也不妨在平日多觀察員工Say hello、與人互動的積極性，**

作為能力考核的一環。

結論
電話禮儀、打招呼，都可以由小見大

◆許多人對某企業的印象，常是從電話互動開始，從同仁接起電話的那一秒鐘開始，外人對公司的服務已經開始計分，不可不加以重視。

◆同仁一大早是否熱情地Say hello，代表公司的活力。要成功推動，主管身體力行與要求，是一大關鍵。

◆如果連跟人互動也做不到，你可能對許多事物都越來越缺乏熱情，遇到問題也不可能協調各方資源來解決，對你的生涯發展是十分不利的！

◆身為主管，也不妨在平日多觀察員工Say hello、與人互動的積極性，作為能力考核的一環。

29 抹壁兩面光，Yes與No的雙贏思維

供應商要求你吃貨，該怎麼辦？

我們公司是代理商，某一回遇到一家很有影響力的原廠供應商衝業績，要求我們吃貨，一次進大量的零件。礙於公司規定，庫存不可超過一定的量，沒經驗的PM同仁照章行事，沒有慎重跟主管討論，便直接拒絕了。

不料，這下卻打壞了關係。過了幾個月後，我們發現原廠態度傾向刁難，接洽也愛理不理；甚至因為原廠的不合作，讓我們拿不到好價錢；還因為對方供貨給其他的代理商，造成客戶轉單。後來，即使請出公司主管努力拜訪原廠也挽回不了，當初的拒絕成了敗筆。

從故事中看見迷思

一味照章行事，未留轉圜空間

這個故事的迷思是，當供應商要求我們吃貨，若同仁未經思考，直截了當地引用公司內規，斷然拒絕，就可能得罪原廠供應商，幫競爭者開了一扇窗。要是其他代理商能夠接受原廠要求吃貨的條件，就爭取到搶走原廠貨源的機會。

不要急著說No，拒絕前要評估利弊得失

可見，面對供應商或客戶提出要求，在說「不」之前，需要先思考可能的結果是什麼。例如遇到重要供應商提出吃貨的要求，就需要想一想，是否有更好的變通辦法，甚至視為特殊狀況，回報主管討論，再決定說Yes或No。當然，若是答應對方的條件，對公司影響太大，最後還是要說No，至少不是不經思考就斷然拒絕。

何況，**在一口答應或回絕之間，還可以思考許多其他選項，設計不同的方案，嘗試跟對方達成共識**。如果一開始就回絕，破壞了關係，就喪失後續談判的空間了。

不急著說Yes，先評估自己的能耐

反過來說，我方在答應對方的條件以前，也要先做評估，以免害慘公司。

當供應商要求我們吃貨，若是不分青紅皂白一口答應，對方也沒有做任何承諾，或提供方案讓你解套；結果庫存太多賣不出去，就變成讓對方爽快，自己後面很痛苦，也會造成很大的問題。**如果你接到要求，不要馬上做決定，不妨先用緩兵之計，跟對方說我回去公司討論一下，跟主管商量之後再說。**

先說Yes，試著做做看再討論

面對老闆或原廠的困難要求，有個不錯的回應是「回去做做看」。

有時老闆交代某件事，你可以先答應試試看。例如上一季，你每個月做八百萬美金業績，老闆要求你，這一季每月做一千萬。你當然覺得很困難，但一口回絕又會得罪他，就可答應先試試看，若不成，再回報有哪些困難，與老闆重新協商業績目標。

對原廠也一樣，對方的要求假如不會對公司造成太大衝擊，不妨先同意試行，同時保留調整的空間。當對方要求零件賣十塊，你覺得太貴了賣不動，印象中外界都賣八塊或六塊等等，不必當面衝突，得罪原廠。可以先答應賣賣看，回去想一想，這項產品跟其他的競品完全一樣嗎？或是有其特色，其實有賣到十塊的空間？經過實際銷售，若成績沒起色，再根據市場反應跟原廠進行協商。

背後的道理是，**太快說不行，可能得罪老闆或原廠，衝撞對方的權威，讓對方對你印象不佳。**這時，可以先試行幾天到一週，再回報他們當前市場狀況如何，競品的售價若干等等。因為你做了嘗試，就可以進一步溝通，說你已經努力拜訪了好幾家客戶，最樂觀的估計，可能做到多少業績，例如一個月九百萬；或原廠產品最高可能以九塊成交。**因為你先做正面回應，也努力過了，就能在良好的氣氛下，爭取到溝通的空間。**

不要當 Yes Man，但也不要凡事頂撞

不要當 Yes Man，凡事通通沒有意見，盲目地順從；但也不要斷然拒絕，經常頂撞對方。我曾遇到一位企業家，跟我一起打高爾夫球，相談甚歡，他就順口交代身邊的二代接班人說，你也可以學學高爾夫球，沒想到這位二代一口就回絕。

其實這是錯的，他只要回說最近比較忙，有空再學就好了。即使他現在真的不想

學，也不代表將來不會感興趣，何必當面給老爸難堪呢？**在Yes跟No之間，拿捏合適的回話方式，避免頂撞，可說是維繫良好關係的祕訣。**也就是說，不要當Yes Man，也不要一味Against。

創造雙贏，不堅持己見，滿足對方也滿足自己

還有一個雙贏的思維是，如果原廠要求你吃貨，或以某個價格採購，也可以想一想，**假如公司這次已經要答應對方，可否「順便」、「附帶」請對方幫我們什麼忙？這就是「既滿足對方，又滿足自己」的思維。**或許某些需求我們早就想提出，只是不好開口，就能藉由這個機會達成目標。

此外，**在溝通中維持良好關係，基本原則就是不堅持己見，不輕易說不可能。**比如拜訪客戶，某產品報價八塊，客戶說他才買六塊，而我們的成本是七塊。這時候，沒經驗的業務員可能直接說「不可能」，甚至質疑客戶對行情的認知，開罪對方，不歡而散。其實世上沒什麼事是絕對不可能，說不定市場上有人故意拋售、策略性報價、大量進貨成本低、出清存貨……等等，可能性多得很。

要是碰到這種情況，不妨說：也許是個特例吧？我再查查看。回去弄清楚了，就知道如何跟客戶重新溝通，即使這次生意做不成，未來也保留其他的機會。

結論

在Yes與No之間拿捏分寸

- ◆碰到困難的要求，不要急著說No，拒絕前要評估利弊得失，並與主管討論。
- ◆同樣地，也不要急著說Yes，先評估自己的能耐，能否接得下來？有無後遺症？
- ◆面對老闆或原廠的困難要求，有個不錯的回應是「回去做做看」。基本上這是個Yes，不會衝撞對方的權威，但保留調整的空間，不會框死自己。
- ◆如果決定答應對方的困難要求，不妨想一想，可否「順便」請對方幫我們什麼忙？既滿足對方，又滿足自己。
- ◆在溝通中維持良好關係，基本原則就是不堅持己見，不輕易說不可能。在Yes跟No之間，拿捏合適的回話方式，避免頂撞，可說是維繫良好關係的祕訣。

30 邀約應打鐵趁熱，重視技巧與優先順序

講好的約定為何變卦？

某一次，我跟屬下的主管，以及供應商、客戶的高層，四個人在一場飯局相談甚歡，彼此留下聯絡資訊。當時講好，大家近期內一定要再見一面，屆時可以安排一塊兒打球。

然而，該主管卻未當場敲定時間。隔一陣子再發訊息，邀約一場球敘，供應商與客戶竟然都沒有回應。該主管不禁懷疑，飯局上談得很投契到底是真是假。

我卻給他機會教育，告訴他：只要沒有當場講好，後來變卦都是很正常的。他大惑不解地問：這是什麼道理？為什麼呢？

從一故一事一中一看一見一迷一思

只有口頭約定，變卦的機率很高

故事裡那位主管的迷思，是沒有「打鐵趁熱」。我們在飯局上遇到的，既然是供應商與客戶的高層，他們的工作一定很忙。因此，沒有當場約定下次見面時間的話，將來恐怕很難再約。

一般來說，只要超過三個人，要約大家都有空的時間相聚，就很不容易了。

邀約要打鐵趁熱，用選擇題當場敲定日期

當你遇到重要人士，對方口頭答應要再約續談的行程，不妨趁著大家都在場的機會，打鐵趁熱，跟他們約下次見面的時間。如果只是隨口說說要再相聚，就算大家都說好，通常也是不了了之。

約時間也有技巧，**最好用選擇題，心裡要有腹案，先根據關鍵人可以出席的時程，提出幾個日子讓大家選擇**。重要人士的邀約多半如此，讓他當場決定，才容易得到你想要的結果。只要有了選項，讓大家展開討論，在相談甚歡的氣氛下，任何一方都不好意思拒絕。

就算某人真的很忙，幾個日子都不行，大家討論之後，還是會傾向於找出最大公約數，也就是眾人都有空的時間，而不會中途放棄。但若沒有現場敲定，回去以後大家各忙各的，就很難再約。如果不只三方，而是四到五位重要人士，那就更難了，除非當場敲定，否則後來邀約一定困難重重。

先傳訊息，再通電話，事先提供溝通的必要資訊

當你結識客戶或其他關鍵人物，得到他們的電話號碼或是Line的號碼，在邀約對方之前，不要急著通話，通常應該先發一封訊息，說明你是誰，要找他談什麼事，或你大概何時會打電話給他。

先傳訊息，再通電話，效果會比較好。一方面，不會因為直接撥過去而打擾對方；另一方面，有時對方習慣不接陌生號碼的電話，先傳訊息也可以避免這種狀況。

一般而言，**先用訊息發出跟對方談話的內容概要，談起來會容易很多。**溝通經常需

要檔案與數據的輔助，你得等對方看完這些數字，再進行通話。這時候就要估算，對方大概要多少時間才能閱讀完畢，時間差不多了再撥電話，而不是一發出訊息，馬上就進行電話追蹤，對方根本還沒空看你的數字，當然一頭霧水，很難有好的溝通效果。

同樣的道理可以應用在客戶拜訪，先提供與提案相關的檔案給對方，等對方閱讀完，再進行拜訪，就能事半功倍。

邀約時自己必須先做紀錄，避免重複邀約

邀約對方的時候，通常要給兩、三個時間，對方比較容易答應。但這件事，需要跟你自己行事曆的紀錄相結合，發出邀約之前，先把留給對方的兩、三個時間記在行事曆上，等對方回覆之後，再把不用的時段劃掉。如果少了這一步，萬一後來的事情佔掉你預留的時段，就可能造成重複邀約。

現在線上行事曆都很方便，在手機上記錄很快可以同步到電腦，讓我們更快速地記錄邀約的時間。甚至，**連你準備跟對方談的內容重點，都可以簡要記錄在手機行事曆上，在約時間的當下就做紀錄，以免後來事情一忙，連當初想要談什麼都忘記了。**

以關鍵人物為主進行邀約，甚至單獨誠摯邀請

還有一個技巧，當你想要邀請許多人參加飯局或活動等，建議列出邀請的優先順序。例如預計約十個人，其中三位是關鍵人一定要到場，你就該優先確認這三位的時間，其他人即使不能到，也不影響大局。

甚至，對於更重要的關鍵人物，還要單獨邀請。你特地為他寫一封邀請函，表達誠摯的邀請之意，可以展現出你對他的重視，也更有溫度，邀約容易成功。相反地，如果不做單獨邀請，而是在關鍵人物跟其他人共有的群組「公告」邀約，關鍵人物就可能覺得這個邀約不太重要、可有可無，在群組裡發言婉謝。到了這個時候，就算你再單獨邀請他，也來不及了，因為他已經婉拒，就不太可能改口了。

結論

邀約應打鐵趁熱，重視技巧與優先順序

◆邀約要打鐵趁熱。等到回去再約，大家各忙各的，邀請將困難重重。

◆約時間有技巧，最好用選擇題，心裡先有腹案，提出幾個日子讓大家選擇。

◆先傳訊息，再通電話，可以避免直接撥過去打擾到對方；先用訊息發出跟對方談話的內容概要，談起來也會容易很多。

◆邀約時要給對方兩、三個時間，並記在自己的行事曆上，甚至連要談的重點都可以一併記下來，以免忘記。

◆邀請多人時，應列出優先順序，以「必須到場」的要角為主體進行邀約。對於更重要的關鍵人物，還要展現溫度、單獨邀請。

第四章

影響成敗的關鍵

31 基本水平思考：一個輸入，多種輸出，一加一不等於二

老練業務的機動反應

某個年輕業務剛進公司，跟隨一個老經驗的業務學習。一般的業務人員，接到客戶問產品總是很高興，馬上照客戶的想法回應，但年輕的業務卻發現，這個老經驗的業務不太一樣。

有一次，當客戶詢問一個零件，老業務居然報價五種零件。年輕業務問他為什麼？他說，他知道客戶這五種零件用在同一個機型上，既然要生產，很可能都要一起採購。

後來，有個客戶來詢問A、B、C三種產品，年輕業務猜想老業務一定會報更多項目給對方，沒想到老業務只針對A給了一份報價。年輕人一頭霧水，老業務事後解釋說，因為B產品的供應商價格很硬，就算我報價，也會報得太高，只是給這個客戶壞印象；C產品根本有交貨的問題，我不敢接。

最後，某客戶下了三個月的訂單，老業務只接一個月。年輕業務忍不住了，質疑說，每個業務都想接更多的訂單，您為什麼把生意往外推呢？老業務說，你不知道，這個產品進價波動很大，下個月是旺季可能大漲，這個月也沒有更多的貨源可以一次買進。要是我照目前的價格簽三個月的單，到時候賠錢的就是我了！

從─故─事─中─得─到─啟─發

想拿下訂單，標準答案永遠不會只有一個

許多業務人員的迷思，是「一個口令一個動作」，客戶要什麼就給什麼。

這個故事的啟發是，業務不是小學生算數學，一加一等於二，只有一個標準答案。業務人員最少要做到基本的水平思考，當客戶提出一項要求，不能照單全收，而必須考慮公司內部、供應商、市場等相關的因素，再決定如何回應。

當客戶問A，可以回答B，甚至多種組合

當客戶問A廠牌，**你可以考慮回答B廠牌**。因為B廠牌同樣的產品利潤更好，或交貨比較順暢。**有時候考慮內部和外部因素，還可能提供好幾種不同的組合給客戶。**例如客戶要買兩萬個C零件，公司庫存有點緊，你可以建議：

1. 更換品項。因為D零件的庫存較多，較常進貨，而且規格可以取代C。
2. 兩種品項混搭。報價一萬個C，以及一萬個D，因為C不夠時，可以用D取代。
3. 提高對方需求品項的報價。在合理範圍內，把C零件的價格報高一點，吸引客戶採購D零件。原因是目前D零件的庫存較多，或是利潤比較好。
4. 機動調整、高價低賣。比方公司的D零件庫存實在太多，在公司內部有共識的前提下，可考慮把D零件的價格報低一點，高價低賣，及早消化庫存，以避免存貨的跌價損失風險。

一個輸入，多種輸出，訓練多種組合的聯想力

當客戶來詢價，業務員應該要練習投變化球。比方客戶問十萬個L產品，你報價的時候，可能少報數量，只報兩萬個的價錢，原因是庫存只有兩萬；或因為你知道客戶每月用量只有兩萬，不可能買十萬個。甚至，你只報五千個，因為你知道客戶信用額度只剩下五千了。

你也可能多報數量，因為這個客戶是一家大公司，可以報給他三十萬個的價格，預留後面價格協談的空間，同時也嘗試敲定客戶未來兩到三個月的長單。

更進一步，有可能同時提供給客戶五萬個、十萬個、二十萬、三十萬……等不同數量、不同單價的報價單，讓客戶有選擇的同時，你也預留了談判的籌碼。

應用基本水平思考，重點在於「一個輸入，多種輸出」。無論最後給客戶的是一種建議，或是多種組合，在內部評估的時候，一定是「多種組合」，而非單線式的。**關鍵在於，在回應以前，你聯想到多少相關的條件？**

以提供客戶報價為例，基本的變數就包括：庫存狀況、信用額度、該客戶過去的交易情況、交貨時間長短、一次交貨或分批交貨、客戶付款方式、貨物價格與匯率的變

動……等。進階的條件可能還需要考慮：市場上同類型客戶的發展需求、市場變動狀況、客戶在同一機型上有無其他零件需求、對於客戶詢價的產品項目，我們的價格有無競爭力……等。

正確的做法是，永遠去想是否還有不同的組合與選擇，讓「一個輸入，多種輸出」成為自己思考的習慣。靈活的思維，是躋身一流業務員的基本要件。

遇到困難，以基本水平思考尋找替代方案

基本水平思考的定義，就是從事件本身相關的周邊元素切入，探索替代方案。

當客戶殺價，一般業務員只有向公司或供應商爭取降價，或是回頭說服客戶兩條路可走，提不出其他的方案。**其實，應用基本的水平思考至少還包括：時間、數量、規格、付款方式等面向。**

1. 時間上，交期可以協商。假設下一批同樣的貨會比較便宜，客戶能不能等？或他們一定要現在採購的話，能否接受分批交貨？

2.數量上，如果我方不能單項降價，客戶是否可以搭配買其他的產品，做「整批交易」？可否增加採購數量，或給我方較長期的訂單？

3.規格方面，可否換成另一種規格的產品，比較便宜，又足以取代？或以較便宜的另一廠牌同規格產品取代？

4.還有一招，是價格不降低，但我方附送一些樣品或備用零件來抵銷價金，達到成交的目的。

5.付款方式改變。如客戶信用不錯，可以跟客戶協商，不降價，但讓他延長票期，用利息補償價差，等於延後付款。

不只是面對客戶殺價，當交貨期限沒共識、客戶信用額度不夠……等各種問題發生，你都能透過基本水平思考，從時間、數量、規格、供應商、付款方式等方面變通。甚至，**當你經營一家客戶許久，談一項產品採購，怎樣都無法達成共識的時候，還可以重新切一個新品項來談！**

面對問題，探索相關領域的各種面向，不跟客戶卡在單一的爭執點，而是找出可能

的替代方案或組合，這是應用基本水平思考最核心的精神。

結論

一個輸入，多種輸出，創造更大績效

◆當客戶詢價，首先要擺脫「一個口令一個動作」的僵化思維，對方問A，可以考慮回答B。如果擔心沒針對A問題回答，對方可能不滿，不妨給多種組合來回應，把A問題的答案涵蓋其中。

◆基本水平思考，重點在於回應之前，你聯想到多少相關的條件？建議多做聯想訓練，永遠去想是否還有不同的組合與選擇，讓「一個輸入，多種輸出」成為你思考的習慣。

◆面對困境時，要善用基本水平思考，幫助你跳出問題的死胡同，找出解決方案。

◆一加一不等於二的觀念，不是只能應用在業務。在各部門，都有機會運用到基本水平思考，幫助我們避開風險，創造更大的績效。

32 應用多元水平思維，解決問題背後的問題

當客戶反映產品太貴，背後問題一籮筐

有一次，業務人員在內部會議上，報告他出去跑客戶的結果。他忍不住抱怨說，客戶反映我們的好幾項產品太貴，報價一點競爭力都沒有，害得他灰頭土臉。

會議上想當然耳，只有兩條路二選一。要不然就是公司降價，如果不行，就叫業務儘量去說服客戶，接受我們的價格。

但是我看到會議紀錄，檢視相關的報表後，卻發現還有很多其他的可能性。客戶反映產品太貴，可能是業務找錯窗口；可能業務員太資淺，沒有說服能力；或他沒看出對方只是吊他胃口，隨便講個打壞行情的價格。對於這類問題，我自然要求相關部門，從業務員的訓練下手。

當然，深入調查後，也發現我們的某些產品報價確實偏高。其中有外部市場的因

素，例如競爭者正在低價拋售同樣的產品。

也有內部因素，比如產品是從供應商買進，公司是在價高時進的貨，或者是成本高的舊庫存，因惜售不肯降價。

我跟總經理商量後，覺得這個案例很適合鍛鍊主管的思考力，於是召集相關的主管，調出跟這幾項產品有關的生產、銷售等各種報表，讓他們思考，從中是否發現任何問題或錯誤？聯想到什麼？該採取哪些行動？

於是，業務部門的一個問題，衍生了許多背後問題，要一一討論才能解決，進而創造出提升競爭力的契機。

從—故—事—中—得—到—啟—發

跳出事件本身，看見背後的根本問題

這個故事中，主管與業務的迷思是，遇到困難只看眼前，沒有考慮背後原因與周邊問題，僅解決單一的問題。客戶嫌產品貴，就只有「降價」或「說服客戶接受」二選一，明顯是過於單純的垂直思考。

我介入之後的發展，則帶來新的啟發，就是善用多元水平思考，跳出事件本身，找出背後的根本問題，甚至一併解決周邊的問題。

應用多元水平思考，找出問題背後的問題

當你碰到一個事件，比如客戶反映公司產品太貴，請嘗試跳脫「產品貴不貴，要不要馬上降價？」的垂直思考，甚至也不只有「降價但搭售其他產品」、「降價爭取長約」、「改變付款方式爭取不降價」等基本水平思考，僅謀求達成交易。

更進一步，**多元水平思考主要有三個聯想方向。第一、跳脫事件、問題或現象，從源頭找出「問題背後的問題」**（The Question Behind the Question, QBQ），**並尋求制度化的方案來根治，一併解決根本問題與周邊問題**。第二、連帶效應，即因為某事件可能導致的一連串反應或影響。第三、你受到該事件啟發，聯想到其他類似的事，或看似不相關的問題等。

舉例來說，業務反映，公司產品價格比客戶能接受的價格更高，這只是一個現象，得找出背後的原因。是否公司的產品進價太貴？自行生產的原料成本太高？產地薪資太貴？或業務員找錯窗口，才得到錯誤的答案？業務人員的能力是否足夠？競爭者是否進行策略競爭或惡性競爭？需要找出癥結，才能真正解決問題。

多元水平思考強調聯想，善用分類邏輯找問題

多元水平思考強調聯想力，憑空往往無法想到太多的背後問題。此時，**建議善用分類邏輯，分出四個象限或更多類別，更容易找出背後問題**。以下，仍以客戶抱怨公司產品報價太貴為例。

第一象限是PM和業務，包括：可能是PM產品經理與業務部門的管理與訓練出了問題，或者某業務員與PM關係不佳，PM本來有些報價的彈性，但就是不肯放給這位業務。或是業務員不稱職，找錯窗口；業務被窗口亂喊價嚇到；甚至業務員自己謊報來推卸業績不佳的責任等等。

第二象限是對外關係，比如公司跟供應商關係不好，就可能讓產品進價偏高，或原

料進價偏高。若公司跟客戶關係不深，或面對新客戶，也很難突破對方採購部門的殺價策略。

第三象限是市場競爭。例如競爭者庫存太多，暫時性低價拋售某產品。或是競爭者與客戶有特別的交易條件，例如採購數量大，或有搭售、整批交易等條件交換，才壓低單價。甚至根本是競爭者為搶奪市占率，打出策略性的犧牲打。

第四象限是其他，例如該產品市場已經走下坡，公司定價卻不改。或是公司的毛利政策不合理，研發、生產、行銷、PM各自扣一筆利潤在手，保留利潤太高，導致售價居高不下。也可能是產品的初期良率太低而墊高成本，或產量太少不符經濟規模；甚至是研發與設計問題，因設計不良用了太貴的原料等。

利用「三分之一加一」法則，列出處理問題的優先順序

透過多元的水平思考，可能讓你找出十幾、二十個背後問題，然而問題太多，不見得每個都能採取行動，需要排除一些。處理原則是，**首先，邀請相關領域的同仁來開會，以免誤判。接著，用「三分之一加一」的法則篩選。**所謂三分之一加一法則，就是

將問題的總數除以三，再加一。

例如找出二十一項問題，除以三得七，七加一是八，就選出八項最優先的背後問題。若八項還是太多，就再除以三，然後加一，四捨五入得到四項。

找出最優先的八項或四項背後問題後，可由幹部進行表決，決定要立即行動的是哪些？行動順序如何排？

另外要注意的是，在建立制度或系統，根治背後問題之前，可能發現過去有些累積的舊錯誤或不合時宜的規定。我建議不能跳過不管。原則上，**舊錯誤要「先修正」，之後的新系統才會運作順暢**。甚至在新系統建立的同時，還得併行作業，同步將舊錯誤或不合時宜的規定修正完畢，我有個比喻，幫樹木除蟲的同時還得繼續掃落葉。過渡期當然辛苦，卻必須下定決心，頂住壓力，才不會讓問題繼續惡化。

對於優先問題，列出短、中、長期行動計畫

對於優先問題，**需要列出短、中、長期的行動計畫**。要先決定由哪個單位草擬方案？哪些單位參與討論？何人拍板定案？如果需要寫一個新的系統，由何人設計與維

護？當然也要敲定，新的制度公布之後，由哪些人來執行？

接下來，就是**按照職司，各單位分工處理**。產品、採購、研發、業務等各單位妥善配合，跨部門討論，共同執行公司所制訂的行動計畫。CEO往往還要親自參與，積極主導，甚至為了達成目標，可考慮修改公司章程與政策。

至於**不能立即解決的背後問題、周邊問題，經評估後如有處理的必要，也要訂出優先順序，逐步解決**。

結論

善用分類邏輯，根本問題與周邊問題一併解決

◆多元水平思考是跳脫事件本身，從源頭找出「問題背後的問題」，並尋求制度化的方案來根治，一併解決根本問題與周邊問題。

◆要善用分類邏輯，才會更容易找出事件背後的問題。

◆當找出許多問題，需要排除一些，此時，須邀請相關領域的同仁來開會，以免誤判。接著，用「除以三再加一」的原則篩選，挑出最優先的問題來解決。

◆對於優先問題，需要列出短、中、長期的行動計畫，按部就班執行，將問題解決。

◆如果行動計畫有相當規模而且重要，則需要跨部門合作，甚至CEO的投入，並讓各部門按照職司，分工處理。

33 關鍵競爭力：和工作連結的靈活聯想力和行動力

豬肉一斤多少錢？

有一家頗具規模的水餃店，裡面有兩個副理，一個小王，一個小張，結果升經理的是小王，小張沒升上去，他心裡非常不服氣，就去問老闆，我來公司比較久，業績也比較好，為什麼不是升我是升他？

老闆就說今天我很忙，沒空跟你談這件事情，兩三天後我們再來談。你跟小王現在都去調查豬肉一斤多少錢，升遷的事情改天再說。

小張很快出去，回來報告說，豬肉一斤五十八塊。老闆問，是里肌肉還是後腿肉？小張說不知道，我再去查。回來報告以後，老闆又問，到底是冷凍的還是溫體的？小張又不知道。延伸下去，有沒有折扣他也不知道，庫存有多少他也不知道，很多細節都不曉得。

因為小張每次只報告一件事情，資訊不足，來回多達五六次，最後老闆就說，不用了，等一下小王回來的時候，大概所有資料都會有。果然，小王回來的時候，回報的資料非常齊全。

老闆很高興地說，你找的資料都很對，但我有個疑問，我只問你豬肉一斤多少錢，為什麼你會把運費跟麵粉的價格查回來給我？小王說，您交代我做這件事，我就去問您的特別助理，老闆為什麼要調查豬肉一斤多少錢？我從特助的回答，研判最近公司要開始做外銷，所以把運費跟麵粉價格這兩份資料一併查給您。

小張聽完以後，摸摸鼻子就走了。

從故事中得到啟發

兼具聯想力與行動力，讓人脫穎而出

小張不敢再問升遷的事，因為他心裡知道，為什麼他沒被升遷。很明顯，小張是「叫一動，做一動」。小王卻不一樣，接到一個指令後，他不但完成任務，更比老闆所期待的多做了好幾步。

職場同仁常見的迷思，是對於主管的命令通常不做思考。相反地，小王的舉動卻啟發我們，自主思考，舉一反三的人才，在公司很容易突出，獲得升遷。

多問兩句，釐清任務，整合資料後再報告

在日常工作的時候，當老闆交代不夠清楚，不妨「多做一小步」，多問兩句，釐清任務。如果不便問老闆，可以跟特助或其他了解狀況的同仁進一步打聽，旁敲側擊，了解更多任務的細節。

旁敲側擊的目的，在於經過思考，掌握到「老闆交辦這件事，用意是什麼？」回溯到問題根源，擬定完整的計畫，讓任務的執行更精確而有效。

有時，當你被主管交代去查某件事，請不要每拿到一點資訊就報告一次，顯得零零散散。許多人以為，接到命令馬上執行，立刻回報就是效率高，其實不見得，在許多情況下，主管要的是屬下兼具聯想力與行動力，舉一反三。

因此，請避免「急著」去執行主管給的任務，不妨靜下心來把事情想清楚。**建議你，如果接到命令去查一件事，除了提供主管交代要調查的資料之外，也要做一些分析、整合，加上自己的意見，甚至做成報表，再去回報。**但有個例外，就是主管希望短時間內了解概況，這時候反而要儘快回報，不要做得太詳細而延誤時效。

遇到任何場合，都發揮聯想力與工作連結

所謂的聯想力，就是對於一件事，從原本的任務範圍之外思考，甚至聯想到看似不太相關的領域。最後，找到可以「多做一小步」的地方，提升工作的成效。

舉例來說，一斤豬肉多少錢的故事，是我去大聯大集團的關係企業世平演講，談「多一小步服務」的時候，世平的董事長為了配合我，在開場特地講的小故事。當天，我的人資經理跟我一起參與，回程我就問他，你聽到這個故事，回來會想到什麼？會做什麼事情？

他想了想才說，這個故事不錯，可以把它放到我們友尚公司的公布欄去。可惜就此打住了。

後來，我提供水平思考的思路給他，意即從一件事本身，延伸到週邊相關的領域去找答案。

第一，如果世平有這樣的好故事，表示他們可能有自己的教育訓練素材，可以跟他們索取，給友尚的教育訓練用。

第二，如果世平有，其他的關係企業像品佳、詮鼎等可能也有，不妨全部聯繫，整合所有的關係企業，大家的教育訓練素材就會更完備。

高階主管的聯想與多元水平思考

如果你是高階主管，還可以聯想更多、更宏觀的層面。聽到一個好故事、好內容，馬上就能想到運用它來訓練員工。或是精煉出其中的道理，應用到自己的日常生活、處理業務、客戶服務等。

多元的水平思考訓練，就是當自己從一件事情獲得啟發，要練習聯想，連結到其他面向。精進主管的功力，一個很好的自我挑戰是，「一個input可以產出多少個output？」這個問題，往往考驗著主管的管理能耐與視野的極限。

最怕的就是得到input之後不當一回事。比方看了一本好書，覺得很受用，但是沒有根據書中的心得，採取任何行動。或聽了一個好故事、一場精采的演講，當場拍拍手，回來什麼都沒做，等於浪費時間。其實，**得到一項input，應該經常思考它可以怎麼應用？有什麼延伸的做法？有哪些看似不相關的領域或資源可以整合？**若能這樣做，並把這些想法化為實際行動，你的聯想力就會不斷提升，而且得到許多收穫。

結論

積極聯想與延伸，創造更高的工作績效

◆不要「叫一動，做一動」，限制了你的發展。要有「多一小步服務」的觀念，逐步累積出你的關鍵競爭力。

◆當主管交代任務，不妨多問兩句，旁敲側擊。重點是回溯根源，了解主管交代這項任務的真正用意，進而做出最有效的行動。

◆看一本好書、聽一個故事或一場演講之後，要進行聯想，看其中有沒有跟你相關

的部分，而且轉化成你可以採取的行動。點子化為行動，才會真正帶出效果。

◆培養聯想力，不只讓你舉一反三，更能水平思考，跨領域延伸，創造更高的工作績效。

34 有順序的思維步驟，先解決頭部，再解決尾部

本末倒置的迷思

我們公司三十週年，計畫要做紀念襯衫，福委會就來問我，想挑什麼尺寸與顏色？我就順便一問，公司做襯衫的經費與方案都已經確定了嗎？負責的同仁回答：沒有，還沒決定，現在還在提案中。

我十分訝異，怎麼會還沒有決定要不要做襯衫，連經費都沒著落，就已經跟大家調查尺寸與顏色呢？

同一天，我核示北京分公司的一份簽呈，也發現類似的狀況。北京的分公司要買一輛車，需要經過上海的管理處，當時上海的同仁就問了許多問題，要買五人座還是七人座？買什麼品牌等等。

等到上海管理處向台北總公司回報，總公司又問了一堆問題，例如各品牌、各車型

何者比較便宜？何者比較省油？又透過上海管理處跟北京確認。沒想到，請示總經理以後，他覺得今年公司不太賺錢，決定不要買了。

從－故－事－中－看－到－迷－思

未能掌握關鍵問題，一切都是做白工

「本末倒置」的迷思，是沒有先掌握關鍵問題，就跳到枝節。比方做紀念襯衫，同仁花了許多時間調查尺寸與顏色。最後，若高階主管決定不做襯衫，前面所花的時間都白費了。

買車也一樣，從北京、上海到台北，已經做了許多討論。結果總經理批示不要買，花了這麼多時間也是做白工。

何謂頭部？何謂尾部？

做事要先解決頭部，再解決尾部。一項任務「要不要做」是頭部，「怎麼做、誰來做」是尾部。決定要做以後，以事情來說，關鍵目標是頭部，附加條件是尾部。以人來說，決定「要不要做」的關鍵人物是頭部，其他的人是尾部。

做抉擇的時候，根本問題是頭部，次要問題是尾部。

做判斷的時候，主管是頭部，屬下是尾部，頭部的意見要優先採信。同樣地，內部意見是頭部，外部傳聞是尾部，不要被外面的人說兩句閒話，就輕易動搖了自己對內的觀察與判斷。

射人先射馬，擒賊先擒王

如同杜甫的名句「擒賊先擒王」，擁有拍板定案權力的相關人，或相關各單位的決策者，就稱為**關鍵人物**（Key-man），**他們的看法往往會左右全局，也應該是你溝通對象名單的優先順位**。尤其牽涉到經費、人力等，一定要得到關鍵人物的同意，才能推動。

因為關鍵人物可能不只一人，此時還要思考洽談的順序，不一定先找位階最高者，要看任務的屬性。有時幕僚反而是先溝通的對象，因為該單位主管大多不會否決幕僚的建議。

確定執行之後，任務可能很複雜，要思考任務的關鍵目標是什麼，優先考慮如何達成它，避免一頭鑽進細節問題。比方業務為了搶大單，跟客戶談了許多採購條件，最後因為客戶採購量大，決定降價一%。他卻忘了關鍵目標是要獲利，沒有精算利息費用、呆料提列等等，最後反而虧錢，或比接一張小單子賺得還少，一點意義也沒有。所以一定要先看頭部，以達成關鍵目標為先。

先顧慮根本問題，再留意次要問題

我們在做抉擇之前，需要先顧慮根本問題，而非次要問題。

以謀職為例，一定要看影響生涯發展的根本之處，如：這家公司賺不賺錢？會不會永續經營？老闆是否願意和同仁分享成果？有無公平的分享制度？升遷管道與平台擴充性如何？學習環境如何？業務型態是否吻合你的興趣？如果答案大多是肯定的，就可以加入。

有些人找工作，一上來就很關心薪資、職銜、福利、休假等等，其實都是在次要問題上打轉。因為**職務為何？主管是誰？都可能隨內部輪調而變動，是次要的。薪資福利跟你加入後的工作表現有關，一開始的條件只是起薪，所以也是次要的。**若因為起薪高一點，而選擇未來性比較差的公司，就是被次要問題所迷惑，沒有抓住根本。

延伸思考，這觀念不只用於應徵工作。決定一份訂單要不要接，客戶的信用是根本問題，訂單金額是次要的；要不要用一個人，本質是根本問題，專業能力是次要的；從更高的層面看，公司的策略是根本問題，執行細節是次要的。**思考時必須先抓住根本問題，千萬不要被次要問題影響了你的決定。**

相信主管，勝於屬下；相信內部，勝於外部

如果業務主管跟屬下業務員意見相左，鬧到老闆這裡來，兩人各執一詞，老闆該相信誰呢？這時候，**主管是頭部，屬下是尾部；除非有明確的論據，否則當然應該相信主管，這樣主管未來才能有效管理，帶兵打仗。**

平日有一位屬下，根據你在內部觀察，覺得他工作勤奮，頭腦清晰，很有潛力。某一天你卻聽到外來的流言，說他在前一家公司表現很差。主管如何判斷？

這時候，內部觀察是頭部，外來資訊是尾部；自己平日的親身觀察，當然勝過閒言閒語。**一般而言，一定要建立「先相信內部，後相信外部」的思維順序。**

結論

掌握關鍵人物，抓住根本問題

◆執行一項任務之前，要先找能決策的人問清楚，這件事到底做還是不做？然後才思考執行細節。

◆做抉擇之前，先考慮根本問題，再留意次要問題。被次要問題影響了決定，經常都會後悔。

◆要分清頭部與尾部，優先相信主管，而非屬下；優先相信內部，而非外部。除非有明顯的論據，否則這項原則不宜改變。

35 積極用選擇題、是非題做請示，勇於負責，承擔重任

主管未做決策，請示有訣竅

我也當過別人的屬下，以前面對主管，曾經遇過一種情形，好幾次我跟他請示事情，或許他太忙，也可能他做事步調比較慢，決策不明快，經常都說要再想一想。

相處一陣子以後，我發覺這位主管遇事幾乎都不會很快給答案，可是工作推展又必須經過他授權，不能拖太久。於是我換了一個方式，不是問他「該怎麼做」？而是給他幾個具體的選擇，而且提供我的建議。

例如某件事我思考之後，會向他報告，「現在處理這件事，可能有A、B、C三種方案，我建議採C案，如果您在某個時間以前沒有其他指示，我就如此往下執行。」因為我已經做過評估，通常他不會再表示什麼意見，只要他不反對，我就可以把事情推展下去了。後來，工作的進行就十分順利。

從—故—事—中—得—到—啟—發

改變請示方式，快速推展工作進度

這個故事中，主管遲遲不給回應，猶豫不決。部屬改變請示的方式，不以問答題問主管怎麼做，而是改成選擇題、是非題，請他決策，工作的執行就很順利。

即使主管還是不決定，都可以帶一句，「您沒意見我就照某方案執行囉！」他只要不反對，工作就能快速推展，也充分尊重主管。

給主管選擇題或是非題，執行前報備且充分尊重

如果你是部屬，向主管請示之前，要先思考、蒐集資料，心中擬定幾個腹案，至少也要用「選擇題」的方式請主管決策。換句話說，就是提供A、B、C幾個方案，報告說你不知道哪一案比較好，請主管裁示，這就是選擇題。

此時，主管有可能從中選一個方案，也可能他思考過後，覺得都不理想，經過思考或討論，從中整合出一個D案，這樣你也得到了答案。

更好的做法是採「是非題」的方式，比方你分析過A、B、C案，考慮優缺點、公司資源、可行性等等，全面思考過後，你覺得B案最好，就可以跟主管報告你分析的理由，然後請示：可不可以照B案執行？這就是提出是非題。

主管最喜歡問是非題的部屬，因為做屬下的已經先思考過了，主管只要最後拍板，或稍加修正即可，決策非常有效率。

有時候，即使你這樣做了，主管還是無法決定，仍可跟主管敲定一個時限，如果在此之前他沒有異議，就依照你的建議案執行，以爭取時效。**當然，開始執行時要再跟主管報備，或以電子郵件副本給主管，表達充分的尊重。**這樣的報備也讓主管很放心，讓他知道你並沒有越權，在工作執行過程中，若他有任何意見，隨時可以請你修正。如果主管始終沒有表達意見，就代表他已經授權給你，工作的執行也可望順利。

主動跟主管討論核決權限表，學習在範圍內決策

作為部屬，建議你在應徵工作或進入公司之後，跟主管好好討論工作權責的範圍，**哪一類事務由你負責，哪一類情況要請示主管，也就是訂出核決權限表。**把界線畫清

楚，你就在範圍內取得了合理的決策權。

例如採購，多少金額以下你可以決定，超過的案子才請示。或是業務人員，在什麼樣的範圍之內，價格可以打折，或毛利可以讓多少，超過則需要回公司討論。或是研發部門，多少經費以下可直接動支等等。若能跟主管達成共識，在預先設定的範圍內讓你自己做決定，是最理想的。**學著做決策，無形中你的思考能力、管理能力也會漸漸提升。**

敢於負責，權力會是你的

可惜的是，我們經常看到一種情形，屬下老是問主管問答題，過度依賴主管給答案。結果，即使原本他有一些決策權，也漸漸流失。

這類部屬的行為，經常是因為怕負責任，本來可以做決定的事不敢決定。比方他擔心如果做錯了，老闆可能會罵他，於是凡事都要請示主管，萬一做錯了，就能推說是主管的決定，不關自己的事。

然而他卻沒想到，公司先前已經授權給他，他還回頭一直問主管，久而久之，公司就可能把核決權限收回，讓他失掉權力。**若你正好是這樣的人，當你一直逃避決策，更**

會使思考力退化，旁人也不再肯定你的能力，使你的權力與能力雙雙流失。

相反地，你身為部屬，若敢於負責，在核決權限的範圍內做了決定，無論結果好壞都勇於承擔的話，你的確可能會犯一些錯。但旁邊的主管看在眼裡，仍可能對你的積極與決斷力加以肯定，甚至派更重要的工作給你，隨之也賦予你更大的決策權。

結論

身為部屬要敢於負責，用選擇題、是非題做請示

◆如果你是部屬，向主管請示之前，要先思考、蒐集資料，心中擬定幾個腹案，用「選擇題」向主管請示。千萬不要只會提出問答題，成天跟主管要答案。

◆更進一步，你考慮優缺點、公司資源、可行性等等，思考過後，還可以用是非題請示主管：照某個方案執行好不好？讓決策更有效率。主管最喜歡這種獨立思考的部屬。

◆部屬要敢於負責，不要凡事推給主管扛。你不妨跟主管討論一個核決權限的範

圍，在範圍內可自己評估，做出決策。漸漸地，你的能力與權力都會提升。

◆請記得，你越是怕負責任，越有可能不知不覺失去權力。若是敢於負責，雖然難免犯錯，卻也更有機會被賦予權力，承擔重任。

36 向上管理的藝術：確認與反映都要積極

被誤解的命令

我平常會寫管理與業務心得的文章，在公司內的知識平台分享。我想知道同仁和主管們對這些文章的反應如何，就在開會的時候請人資主管A君抽樣調查一下。

過了兩個禮拜還沒有消息，我就去詢問調查的結果如何。原來A君把訊息交辦給幹部B君，B君再交給同仁C君。C君以為這項調查要涵蓋全部主管與同仁，跟B君討論後，發現人數太多，系統無法支應，於是要等MIS寫一個新的程式才能發出去。

我覺得很奇怪，我明明跟A君交代的是抽樣調查，不必發給所有人，是一個很簡單、很快可以完成的任務，為什麼弄到要重寫程式呢？

另一個故事是，有一個主管人選我面試過，覺得不錯，問人資後續如何？人資回答，最近策略中心的主管沒空面試，所以還沒好好安排。我詢問，為何一定要等策略中心的主管面試才能進用呢？人資回答，因為上次開會時您交代過，可以讓策略中心主管參與面試，我們就按照您的意思設計流程，必須由策略中心主管面試通過才能進用。

他完全誤解了我的意思。其實我是說，當高階主管不在，策略中心主管可以代理面試，讓流程加快。或是高階主管面試的時候，策略中心主管有時間也可以一起參與，讓決策品質更佳。沒想到因為屬下的曲解，竟然變成等策略中心主管面試通過，才能用人，反而讓招募人才的速度變慢了。

從｜故｜事｜中｜看｜見｜迷｜思

妄自揣測上意，導致執行方向錯誤

屬下跟主管開會時，對主管的意思可能只理解一半。更嚴重的迷思在於，他們已經是一知半解，還不敢回去問主管，只管悶著頭去做；甚至妄自揣測上意，不懂裝懂，結果執行的方向完全錯誤。

多問幾次，避免曲解上意

因為主管有權威性，命令下達又快，屬下可能沒聽清楚，也不敢問，就自己揣測主管意思去執行，這是錯誤的。當你對主管傳達下來的命令不了解的時候，請勿悶著頭做，寧可多問幾次，問清楚為止。

或是在執行時，你認為會遇到麻煩，可行性低，不要怕，應該向上反映，把你的考量向主管提出。思考的要領是運用常識與邏輯，例如前面的故事中，策略中心的主管並非人資單位，讓他擔負全公司的面試任務，並不合理，他也忙不過來。到此，人資就很容易判斷出，應該向上確認，曾董到底是不是這個意思。

如果命令是經過幾層轉達，更不要忘記，除了向直屬主管反映，還要追蹤到終點站，也就是跟下達原始命令的最高主管再度確認，以確保百分之百地掌握原意，沒有誤差地完成工作。

建議你，就事論事，不要因為害怕得罪主管就鄉愿，不提供正確的建議，最後如果執行方向錯誤，反而大家都會蒙受損失。

懂得向上反映，仍要尊重主管

這些確認工作很重要，但也不能變成另一種極端，屬下執行任務之前，就質疑任務的可行性。**我給屬下的建議是，一開始不要先說No，先說Yes再給意見，不要輕易跟主管說不可能。**

如果你確定已經理解主管的意思，沒有誤解，只是「你覺得」可行性低，不妨先試著執行看看，證明確實窒礙難行之後，再適時請示主管修改。也就是說，**不要當一個沒有獨立思考能力的Yes man或橡皮圖章，但也不要當面反對主管，讓他下不了台。**

而向上反映的態度，也有幾個要點，一**是勇敢反映**，不要因為主管有權威性，都不敢講話；二**是給建議，而非斷言**，不要以為自己的判斷一定是對的；三**是委婉堅強，雖然表達時堅定而明確，態度卻柔和而謙卑**。第四，**如果主管還是堅持，不接受你的建議，仍要依照主管命令執行。**

有時候，某些命令追蹤到最高主管後，會發現你想的是對的，你的直屬主管誤解了。另有一些情形，看似是因為你的努力讓任務成功。**這時，請還是務必留意，把功勞歸給你的直屬主管。**

如果你懂得感謝直屬主管的提點，甚至在溝通過程中，即使主管的態度不是很好，你還是感謝他，主管一定會更欣賞你。不但如此，他還可能將經驗傾囊相授。

不要以下駟對上駟，也要注重橫向連結

我還遇過一種內部溝通問題，中階主管向高階主管請示，沒有親自前往或打電話，而是間接透過低階主管或助理通知，這種做法很不理想。因為高階主管有許多事，可能不方便跟這些低階的人講，或不便請他們轉達。即使講了，低階主管或助理再根據「他們的理解」回去傳遞給中階主管，也會造成落差。

如果你是中階主管，應親自向高階請示，這樣做會更禮貌，也會得到更多指示。高階主管還可以趁這個機會，跟你做深入的溝通與討論。

再者，身為中階主管，平時也要重視橫向關係。因為一項任務的執行，可能需要許多職級相同的平行單位共同協助。由於術業有專攻，你也可能需要聽取他們的意見。甚至，**當你需要向上層主管提出建議，例如修改原本的命令等等，若是能取得平行單位的共識，一起提出，成功的機會也會更大。**

結論

心存感恩，勇於反映，向上管理

◆當你對主管傳達下來的命令或指示不了解，請勿自行揣測，應該立即向上確認，直接追蹤到終點站，就是下達原始命令的最高主管。

◆任何狀況下，都不應該把自己當成簽核流程中的橡皮圖章，應該發揮職務上的專業，勇於提出建議，也等於幫助主管做決策。

◆要心存感恩，尤其感謝你的直屬主管，將讓你受用無窮。

◆當你向高階主管請示，請親自前往或致電，更有禮貌，也有機會做深入的溝通。千萬不要指派低階人員前去，以下駟對上駟，應付了事。

37 即時與封閉式確認，任務執行不失真

終點確認，發現失真

有一次，我交代業務員去收現金貨款，之後問他收得怎麼樣，他回答說：「都收回來了！」

但我再去問會計，現金收到了嗎？會計卻回答說：「不是現金，收回的是兩個禮拜的支票啊！」

於是我回去問業務員：「我不是叫你收現金？為什麼你收的是支票？」

業務員回答：「兩個禮拜的票，不就是現金嗎？」

高層介入，結果不同？

另一種情況是，因為供應商的上游零件價格大跌，某高階主管A交代屬下去協調供

應商降價，屬下花了兩個禮拜都搞不定。

等主管問起，屬下才支支吾吾地說，他遇到了一些困難，在公司沒遇到主管A，又不好意思打電話去打擾，才會拖到現在。

主管A當場把屬下臭罵一頓，打了通電話給供應商，因為對方董事長是主管A的同學，他很快就談妥降價，回頭又跟屬下說：「只要我出馬，一下就搞定了，你們是怎麼辦事的？」

從故事中看見迷思

認知差異和主管高位迷思

第一個故事是常見的迷思，老闆下了命令，卻沒想到屬下跟他的認知不同。業務員明明沒有拿回現金卻說有，是他說謊嗎？不是，而是在業務員的觀念裡，他認為兩個禮拜的支票等同於現金。

> 第二個故事，主管的迷思在於，他雖然幫屬下解決了問題，卻沾沾自喜，忘了自己的層級比較高，本來就有比較多的資源可以運用。

認知不同，接收一半，是失真的最大因素

認知不同可能發生在「定義」上。比方主管對一項命令，或命令中某個用語的定義是A，屬下的定義卻是B。

它也可能發生在表格或表單。屬下收到一份表格，對各項欄位的意義、如何填寫，可能並不完全了解，只掌握了六七成，甚至僅僅接收一半或更少。

當認知不同發生，並非一句話可輕易釐清。比方主管問屬下懂了沒有，他們可能回答說：「懂了。」背後卻有許多造成失真的可能性，例如：屬下因為驕傲，不懂裝懂，或擔心自己說不懂會被罵；也可能他沒有深入準備與讀資料，根本不曉得問題在哪，拿到主管的表格後，自以為理解，卻料想不到自己會在哪些地方出錯。

所以，主管必須再次確認，屬下對於命令的「定義」，或表格表單的內容等，是否

真正理解，以免屬下不懂裝懂。**必要的時候請屬下複誦一遍，他現在要執行的任務是什麼，主管就能立即發現屬下的認知是否正確。**

環節一多，就會失真，一定要即時確認

在工作中，我們必須建立一個觀念：**往下交代的任務，一定會失真。因此要「即時確認」。**

比方交代一項任務，預計一個月完成，不要等到接近一個月才去問屬下做得如何，應該隔兩三天、一個禮拜就去問他。因為對於你想要的，他可能只理解了五〇%到七〇%，如果中間不聞不問，等他做出結果，可能許多地方都是錯的。到時候要修改會很困難，而且一定會做許多白工。

如果即時確認，屬下才著手做了幾天，對的話就繼續做，即使錯了，要修改方向也還來得及。

如果屬下遇到困難，沒有立即回報，或不敢回報，但主管做好即時確認的話，也能迅速發現，解決問題。

在終點站做封閉式確認

所有的任務，不管經過多少環節，都有一個終點站，主管可以在終點站進行「封閉式確認」，來避免任務執行失真的問題。

比方交代業務去收現金，終點站就在會計部，或電腦的紀錄裡面，收進來的是不是現金，可以一目了然。

我們問業務訂單拿到沒有，業務往往會回答說：「拿到了。」後來要求他把書面訂單拿來看，發現沒有收到。其實真相是，客戶只是口頭答應，還沒有寄出。如果主管沒有到「終點站」，也就是要求「看到訂單」，可能就會接收錯誤的訊息而不自知。

這不是業務故意欺瞞，而是任務經過許多環節後的自然現象，主管問業務，業務問助理，助理問客戶的採購人員，採購可能還要去問他的經理，中間經過許多環節，幾乎一定會失真。如果不看到最後的訂單，答案就不會可靠。

協助屬下，不要自己居功

另外，剛剛提到有些任務，屬下談了許久都不順利，主管一出手就馬到成功。這是因為主管可以見到「終點站」的關鍵人物，有機會直接討論，產生不同結果。

但這時候，主管反而要警惕，不要自以為了不起，把功勞都攬在自己身上。**主管去談會順利，是因為主管的職級、職權不同，能見到的人層級也不同，不要因為自己很快就談成，一味責怪屬下辦事不力。而是應該協助屬下，不要自己居功。**

不要妄自揣測主管的想法，一味埋頭苦幹

反過來說，從屬下的角度，如果接到主管的命令，你覺得有疑問、怪怪的，就應該回頭再確認主管的意思，千萬不要裝懂。

即使你不是一接到命令就覺得奇怪，執行過程中如果發現卡卡的、不太順利，或是遇到具體的困難，像是交涉失敗、表單看不懂等等，也應該向主管確認與求助。不要妄自揣測主管的想法，一味埋頭苦幹。

就算沒有發現問題，也可以跟主管做雙重確認。比方主管交代你一項分析報告，大約需要一個月完成，但是沒有給你任何參考表單或文件。你就應該在進行到一個禮拜的時候，把你草擬的表單格式，或分析的初步結果向主管回報，確認無誤後，再繼續執行。免得埋頭做了好幾週，期限快到了才交給主管，主管卻說這根本不是他要的。

從屬下的角度，由下而上，終點站就是發命令的主管。屬下同樣可以運用封閉式確認的概念，避免執行上的落差。

結論

雙向即時、封閉式確認，可避免執行失真

- 主管往下交代的任務，一定會失真，往往因為認知不同，部屬只接收了一半。因此主管要「即時確認」。
- 所有的任務都有一個終點站，主管可以在終點站進行「封閉式確認」，來避免任務執行失真。

- ◆如果任務需要對外接洽，主管除了進行確認外，有時也需要介入，以較高的職級，直接接觸對方單位的關鍵人物，協助屬下克服困難，而且不要自己居功。
- ◆反過來說，屬下由下而上，也可以跟內部的「終點站」進行封閉式確認。這時候的終點站，就是發出原始命令的最高主管。

38 養成Out of box的思維：需要有框架，但不要被框架框死

發現新大陸，航向就要轉

我成立了中華經營智慧分享協會，簡稱智享會，希望邀請經驗豐富的台灣企業家傳承經營智慧。為了達成這個目標，我們拜訪許多企業人士，邀請他們分享或參與授課。

某一次，我拜訪一位企業人士，極有收穫，感覺就像發現新大陸，他有許多課程可以提供，可以幫我們做很棒的培訓。當時智享會正要舉辦一場為期六天的課程，會後，我向一同拜會該人士的智享會主管提起，這位企業人士的內容不錯，是否可以想想看，如何應用在課程中？

智享會主管卻回答，六天的課程已經排定，沒有辦法用上。我就立即對這位主管說：做任何計畫一定會形成某種框架，這不是壞事。但當我們發現更好的選擇，應該可以改變。

從故事中看見迷思

被框架限制，放棄追求卓越的可能性

這個故事的迷思，是被框架限制，放棄了追求卓越的可能性。英文有一個說法「Out of box」，就是為了打破這項迷思，鼓勵人跳出框框思考。可惜很多人不具備這種能力。

智享會主管的思維就是被框架框住了，認為六天課程已經排定了老師與課表，不能再更改。其實，既然已經發現一位更好的、更新的師資，就不必被原框架框死，可以考慮增加一兩天的課程，或者協商減少原師資的課程，再把這位企業人士的課程加進來。

建議你，如果在執行時發現新大陸，也就是找到具突破性的新機會，不妨重新修改原先的框架。若能應變、調整，就會讓整個計畫的成效更加提升。

開會或計畫需要先有框架或腹案

在召開任何會議之前，主席要提出腹案。同樣地，**在執行一項計畫或拜訪客戶之前，一定要提出框架，才能引導參與者有系統地討論出共識。**

以公司內開會為例，會前就應該提供與會者參考資料，甚至列出表格讓他們填寫，先讓大家有個基礎來進行思考，甚至讓他們有機會提出意見。開會中，也需要主席或召集人先把議程與腹案提出來。

很可惜，開會常見的情況是，主席臨時問大家有沒有好的意見；當然，通常他也不會得到什麼好建議。因此，召開會議的人自己要先有一個腹案，再進行討論，例如提出幾個選項，問大家覺得怎麼樣？從中再討論出具體方案。

執行一項計畫也一樣，若一開始沒有框架，跟計畫成員討論時，不容易得出結論。拜訪客戶也是如此，需要先有框架，列出你如何滿足客戶的期望？希望向客戶提出哪些需求（Support needs）？**如果沒有準備，只是到場漫談，很可能無疾而終。**

框架與腹案皆可修改，必要時「Out of box」大幅修改

雖然已經訂好框架，當你有新的發現，就算跟原來差很遠，也不要排斥。

框架是好的，例如智享會開辦課程，在拜訪老師前必須先做計畫，擬定可行的方案，列出課程想達到的目標等，這都是初期的框架。如果沒有這些框架，或許老師也不知道如何配合；有了框架，就能讓老師與課程的企劃執行者有所依循，引導雙方更快地進入狀況。

然而，當任何計畫進入實際執行階段，比方籌辦課程，在實際安排師資與內容的時候，你往往會有新的發現。此時，**為了讓計畫的成效更上層樓，需要打破框架，重新思考，不要被一開始的框架給框死**。要記住，**框架不是不能改的**。

遇到問題要轉彎，勇於反映

業務員也是一樣，雖然公司內部已經有了方案或框架，但跟客戶談的時候，若客戶提出新的方案，不要排斥，一成不變地只管推銷既定的方案。誠然，若你能讓客戶買單公司原本的計畫，那很好；但若客戶就是想提新的方向，墨守原方案只會喪失成交機會，這時候就該把新的方向帶回公司討論看看。

當然，也不只是客戶提出新方向而已。無論業務員出去跑，或是任何部門對外接觸，經過刺激，都可能想到新的創意。或者，你按照原本框架出去執行，也可能遇到困難，窒礙難行。總而言之，**當你出去跑遇到困難，或產生新的創意，都要回頭跟老闆或主管反映、討論，看看能否轉個彎解決問題，把事情做得更好。而不是明知原框架行不通，還一味強推，最後失敗。**

該不該變動行程？二八法則幫你決定

安排行程也一樣，行程已經排定了就絕對不能改，這也不對。如果你發現有更重要的事，當然需要挪開先前的安排，協調跟對方取消或改期，來安排新的行程。**調整的原則，是隨時依照二八法則來彈性調節，如果前二〇%的重要事項突然出現，後八〇%的次要事項即使已經排了，也要變動。**

保留彈性不是說不需要行事曆，或是任意更動，讓每天的行程都亂成一團。有條理的行事曆，就像是一個計畫的初期框架，它是很好的引導工具，幫助我們行事更有效率；但我們需要具備判斷力，該變的時候就要變。

結論

養成「Out of box」思維，不排斥修改原有框架

◆要隨時「Out of box」，跳出框框思考，不要被框架綁住。

◆「Out of box」並非否定框架的重要性，計畫初期一定會產生框架，就像開會前要有個腹案，它可以幫助團隊迅速進入狀況。

◆當我們開發出新的機會，為了讓計畫的成效更上層樓，就需要打破框架，重新思考。要記住，框架不是不能改的。

◆當你出去跑遇到困難，或產生新的創意，都要回頭跟老闆或主管反映、討論。而不是明知原框架行不通，還一味強推，最後失敗。

◆安排行程也一樣，不要一成不變。有行事曆很好，但需要隨時依照二八法則來調整，如果前二〇%的重要事項突然出現，後八〇%的次要事項即使已經排了，也要變動。

39 併行處理：不要讓自己成為別人的瓶頸

不斷卡關的承辦人

我輔導一家公司，採購、業務、行銷、產品部門共同執行一項專案，已經進行了一陣子，採購也已經進行詢價。有一天我就問產品部的主管，定價策略敲定了沒？主管回答說採購詢價的結果還沒給他，沒辦法進行。

我回頭問採購，不是一兩個禮拜前已經展開詢價，怎麼過了這麼久，還沒提供資料？他說資料還差一點點，不夠完整，要等A供應商提供；而因為A供應商耽誤了時間，他又去找了B供應商，就這樣一再拖延，沒把結果提供給產品部，產品定價策略也遲遲無法討論。

下午回到我自己的公司，也遇到類似的狀況。因為下個月要去客戶處簡報，我問業務主管整理得如何？他回答說：「架構已經大概出來了，但有些地方需要思考；表格弄了一半，好像也不是那麼理想，所以都還在我手上。」

我立刻說：「時間已經快到了，你還沒有發下去，讓屬下先開始整理他們的部分，不是會耽誤嗎？」

他才忙不迭地說：「對對對，好像是這樣……。」

從一故一事一中一看一見一迷一思

太過執著於資料齊全，造成進度遲滯

這個故事的迷思是，某些事情只差一點點就能完成，或等最後一份資料，承辦人卻因此把整份工作卡在自己手上，沒有發給屬下或配合的部門去執行。

甚至，承辦人卡住以後，還因為各種理由，又去開闢新的專案，或開發新供應商，讓原本卡住的進度更難推進，導致議而不決，決而不行。於是，承辦人就成了其他同仁的瓶頸。

今日事今日畢，順手交代輕鬆愉快

擔任主管的人，非常需要養成好習慣，「今日事今日畢」，順手完成，輕鬆愉快。

像我的習慣是，今天開完會之後，我應該交代哪些部門、知會哪些主管、做些什麼事，幾乎是當天就會發出，最慢第二天早上也會處理。每當我把事情交代完畢，它就成了別人的事。我則從壓力沉重的主管，一下子變輕鬆，等著工作完成驗收成果即可。

相反地，如果我沒有儘快發下去，事情就變成我的包袱，壓力也累積在我的身上，無論如何都輕鬆不起來。

沒做到完美，也可以交給屬下併行處理

如果你是主管，有些事情屬下必須等你裁示，或做進一步的說明，往下交代該怎麼做。通常我會趁著剛開完會，記憶猶新的時候，趕快把指令發給相關的人。甚至有時在車上，我就利用手機發出。

一般來說，對於一項工作，開完會已經有大致結論，**你早一天交出去，別人就多一

天來處理後續的步驟，你就不會成為別人的瓶頸。

有時候你會卡住，是覺得對於這項工作的相關步驟，還沒有完全想清楚。可是一拖下去，也許忙別的事，把這件事忘了，就造成多日的延誤。我建議，如果你是主管，可以練習「併行處理」，只要大致的策略、方向差不多底定，就可以交出去，讓屬下先動。必要時可補充一句，這是目前的草案，可能還會修正。

不要陷入完美主義的迷思，覺得自己要百分之百策劃好，再交出去。因為等你全部完成，要等很久，如果有些環節一直想不通，或是缺了某份外部的資料，就會卡住整份工作。**有時候，這項工作八〇%的後續步驟，根本不會受到這些環節或資料的影響，應該及早發出，讓屬下併行處理，時間才不會浪費掉。**

併行處理的要訣：先發再調，資源釋出

某項工作可能很龐大，牽涉好幾個部門，更需要併行處理。讓各部門先做自己的部分，你事後再整合，事情會進行得比較快。

不要擔心你沒想清楚，其實等屬下做完了，你整合時再做微調，或請他們補些資

料，通常不會花太多時間。相反地，如果為了思考細節，在你手上拖了許多天，最後要屬下趕著完成，反而會給底下部門很大的壓力，事情也做不好。

另外一種情形，**主管不僅要把任務交給屬下，還得把自己手上的資源加速釋出，屬下才能做有效的併行處理**。比方你熟悉的朋友、同學在某家公司所擔任的職務，剛好跟你的部門業務相關，就應該儘快由你出面，介紹底下的幹部跟這些關係人認識，讓業務順利推行。

常見的瓶頸是主管很忙，一直想著要跑一趟幫屬下引見，卻抽不出時間。結果把資源留在主管手上，發揮不了作用，實在可惜。其實若你太忙，不一定要特地跑一趟去拜會，或許撥個電話，只花幾分鐘，拜託對方關照一下，就能讓屬下與關係人搭上線，他們便可自行後續。

如果主管有心，排出行程跑一趟也很快。這樣做，絕對優於我見過的許多主管，嘴上說要引見，空有想法卻沒行動，拖延一兩個月的比比皆是。

粗略快速的簡報，勝過精密延遲的報告

通常主管提出一個問題，屬下會很緊張，連問都不問，就趕著去做非常完整的資料來回答。甚至為了做一份精密的報告，花了兩三個禮拜，編輯得十分美觀，其實主管想知道的只是概略的估計，用來做判斷而已。結果，屬下的時間都浪費了，還因為報告交得慢而貽誤時機，真是賠了夫人又折兵。

所以，屬下必須釐清主管的意圖。當主管為求效率，迅速地交辦任務，也許交代得沒那麼詳盡，此時，**當你的角色是屬下，必須問清楚，主管需要的東西有多詳細？**

如果主管只是初步判斷，通常提供粗略資料即可，粗略快速的簡報，往往勝過精密延遲的報告。當然，屬下提供資料之後，還可以補充說明，這只是概況簡報，需要詳細的資料還可以再補充，如此就會更加周延。

結論

快速交辦，併行處理效率高

◆主管要操練「今日事，今日畢」，把事情快速交代下去，既紓解自己的壓力，也讓屬下有更多執行的時間。

◆不要等到自己百分之百策劃好，再交辦任務，這樣很容易被一些環節卡住。應該趕快發出去，讓底下的人先做，最後整合時再微調。

◆主管手上如果有一些資源，也要儘快釋出，以利屬下達成任務。

◆做屬下的，則應該確認主管的意圖。許多時候，粗略快速的簡報，會勝過精密延遲的報告。另外，先交簡明版，等主管需要再補充，也是一個好方法。

40 避免二次遲到與二次遲延，讓印象加分

二次遲到，給人的印象更糟

所謂二次遲到，是工作處事上常見的一個毛病，影響頗為深遠。

有一個朋友，本來約好下午六點半要到我的公司，跟我一起去吃晚餐。然而，到六點二十分的時候，他卻打電話跟我說：「哎，我可能沒有辦法準時到，大概要晚十分鐘才可以到。」

我就問他：「你現在在哪裡？」

他說：「我現在在林口，有點塞車，所以大概要晚十分鐘。」

我心裡暗想，以林口的距離，又塞車，有可能那麼快嗎？果不其然，到了六點四十分，他又打電話來說，因為大塞車會再晚十分鐘。到了七點，大概是不好意思再打電話，發了訊息給我，說會再晚十分鐘。

七點十五分他終於到了，還是比訊息裡說的晚了五分鐘。如果你是我，感覺如何？

從故事中看見迷思

一再失信，信用全失

這位朋友的迷思，就是所謂的「二次遲到」。大多是心裡面覺得不好意思，就說自己只會遲到一點點，等對方問了，再應付一下，要求延長一點時間。

其實他心裡早就知道，塞車情況下，從林口到我公司內湖，至少也要三十或四十分鐘。

一開始他只是不好意思，結果，反而給別人一再失信的印象。

失約未見蹤影，更糟糕

故事中的那位朋友，雖然做得不太好，至少還知道要打電話來。常看到一些人，已經過了約定時間仍未見蹤影，也沒有任何訊息，還要等對方聯絡他，才回覆會遲到，很要不得。說不定因為這樣給對方不好的印象，那天氣氛變差，事情就不好談了。

還有一種情形更糟，就是已經過了約定時間，遲遲不見人影，經過追蹤，才回覆今天臨時有事不能參加。給人的印象壞透了。

避免二次遲到的方法

若是與人有約，不能準時到達，應該提前告知，並預留足夠的緩衝時間，也使對方有心理準備，了解你預計抵達的時間，可以規劃完整的時段去辦其他事。

遲到一次已經不好意思了，千萬不要二次遲到。

如果真的不能出席，或不確定能不能出席，也要預先告知，讓對方有所準備。

早到的鳥兒有蟲吃，意外獲得重要情報

再延伸一個相關的概念，**在約會中不但不要遲到，最好是提早到，寧願早到一點點。**假設今天你去跟客戶開會，提早到了，你就有空先閱讀等一下要簡報的資料。你也可能跟公司聯絡，了解這個客戶的交易狀況怎麼樣，公司的庫存狀況如何，可以做很多整理再進會議室，對你來講幫助很大。

甚至可能因為你提早到，可以碰到要見的人，講些五四三，先聊些事情緩和一下，讓交涉的氣氛更好。或者你會碰到「本來要見的人」以外的人，提供你很多小道消息，你就知道有什麼話題可以跟客戶談。

哪怕有時候，連對方公司的警衛都會透露一些消息，比方最近他們老闆心情不好，或者他最近很高興，接了一個大單等等。有時候重要的情報，不是直接獲得，而是旁敲側擊來的。往往都是因為你早到，才有機會聊到這些東西，掌握到你本來沒有的訊息。

客戶交貨問題，以交期範圍避免二次遲延

避免二次遲到，如果是應用於公司內外部的任務，就是避免二次遲延，一個好例子是：交貨。

有時候交貨來不及，貨物可能要到下禮拜三才會到。可是因為今天已經是原定的交期，你害怕被客戶罵，就說明天應該會進來，其實你心裡知道是一個禮拜後。最後，整

個禮拜每天被客戶催，被罵很多次，客戶還覺得你這個業務信用不好，說話不算話。

其實，你為什麼不誠懇地道歉，告訴客戶，大約九天後貨才會進來？然後一個禮拜以後提早交給他，客戶還比較開心，中間你也省掉被催促的焦慮。**千萬不要不好意思，不敢把交期講太長，怕講太長會被罵，結果反而更糟。如果早一點把進度延遲的情況告知客戶，對方有了最壞打算，也可以提早規劃備案。**

深入一點談，有時候交貨會有不確定性，比如說要等十幾二十天，但是一下子要客戶等二十天，又太長了，對方一定很難接受。這時候可以說一個範圍，「可能是十到二十天」，中間就有很大的彈性。

不妨告訴客戶，「正常來講可能需要二十天，但我想辦法努力看看，能不能提早到十四天或十二天交貨。」讓他覺得你為了他正在努力。而不是只把最壞的情況「二十天」告訴他，不做任何努力。這都是溝通的技巧。

老闆交辦事項，切忌二次遲延

老闆交給你工作也一樣，老闆可能會說，「下禮拜三給我好不好？」其實你明明知道做不到，因為你下禮拜出差，或者要開很多會，根本沒有時間弄。但你又不好意思拒絕說不行，就勉強答應下禮拜三交件。到了最後，變成是你辦不到自己的承諾。二次遲延，讓老闆的印象更壞。

假定我是老闆，我現在問你說，「下禮拜三你可不可以完成？」我寧願你就說不行，再明確告訴我什麼時候可以完成。甚至於你還有一個更慎重的技巧，在答應任何日期之前先說，「哎，現在我還不知道，我回去看一下我的行程之後，晚一點再告訴你。」

聽到任何問題，不一定要馬上有答案，寧願答案晚一點點給，但是比較精確、比較可靠一點。不要信口開河，答應了又做不到！

結論

把握時間，有助工作

◆「不要二次遲到」，萬一會遲到或臨時不能到，請提早說明，老實說出會遲到多久。對方心裡有數，也可以規劃備案。

◆為了避免遲到，「寧可早到一點點」，早一點到，或許還會帶給您意外的收穫。

◆延伸應用就是「避免二次遲延」。面對交貨或工作任務的時程，如果非得要延期，應該老實告訴對方延期的時間範圍，然後在可行範圍內儘量努力，以爭取提早交件。

後記

樂觀積極隨緣，無私分享惜緣，嚴以律己，寬以待人

影響我處事原則的兩大中心思想

有次去深圳，某位主管拿一幅鍾馗的畫問我：「曾先生，您覺得這幅畫掛在牆壁上好不好？」我說，這要看您自己啊！您是要美化？還是要避邪？

結果他反問我：「曾先生，請問您掛在牆上的『緣』字又是什麼意思？」

我在辦公室掛有「緣」的作品，大部分的人看到，或許都會認為它僅代表了「廣結善緣」的意思。確實，將「緣」掛在辦公室，正代表了「Welcome」，歡迎大家進到友尚結緣，具有廣結善緣之意。但是，「緣」對我而言其意義尚不止於此，它是一個中心

思想，許多我對人、對事的做法，甚至決策的考量都是以此為圭臬。

除了「緣」之外，「嚴以律己，寬以待人」也是影響我很深遠的另一個中心思想。這門功夫是我在金門當兵時練出來的，當年，為了要打發當兵時被抓公差、站衛兵……等枯燥、無趣的作息，心血來潮，我就將「嚴以律己，寬以待人」這八個大字貼在碉堡上，提醒自己：就把派公差當成是鍛鍊身體吧！反正閒著也沒事，一直抱怨要做，哼著歌也是照做，何不換個心情來看待所有要面對的事情？如此一想，就能以正面的情緒，快樂地做任何被分配到的工作。

中心思想之一：緣

我和各位一樣，職涯中做過業務員、主管等各種層級的工作，尤其是國際通路商業務員，實在有太多無法掌握、不如意、失望的事情。在這些情境下，您的情緒自然會隨之起伏，如果沒有一個中心思考方式予以平衡，將會讓您每天都在難過中度過。其實這不只是業務員的專利，幾乎所有的人都一樣，總會因人事物的影響使情緒起伏不定。

那麼，「緣」對我的感悟究竟是什麼？可以從兩方面來看：

第一個緣：樂觀積極隨緣

「隨緣」有兩種：一種是消極的態度，另一種則是積極的態度。消極隨緣的人，往往會抱持著不計較、無所謂的態度，隨遇而安，不會積極努力地嘗試改變現狀，甚至可能選擇出世當和尚，從此與世事無關；而我，則是選擇樂觀、積極的態度面對，所以對我而言，第一個「緣」的意思是樂觀積極隨緣。

面對所有的事情，朝正向去思考，凡事抱持希望，這就是「樂觀」。正因為有希望，即使只有萬分之一的曙光，我們也要盡一切努力設法達成，一定要試到最後一秒鐘、最後一種方法，這就是「積極」而非「消極」的處事觀念與態度。一旦盡過心力後，事情成敗與否，就應該「隨緣」處之，以隨遇而安的態度看待，該您的便是您的，強求未必是好事。失之東隅，可能獲得另一個更好的「桑榆」。以「平常心」處之，失望只是短暫，這就是隨緣，想通了、想透了，很快又可重拾信心再出發。

換句話說，如果您已經盡了百分之百的努力，結果仍然不如您意，大可將它當成「天意」隨遇而安，也就是想「這是上輩子欠人家該還的債，還完債就ＯＫ了」，不要太自責或過度失望，以致久久無法平息，甚至因而衍生其他不必要的負面影響。

對事如此，對人也是一樣。假設您對一百個人非常好，結果有五個人後來反咬您一口，您也要認了，或許這就是上輩子欠人家的。

我的經驗是用「盡人事而後聽天命，保持樂觀、積極而隨緣的態度」來平衡失望、不如意的情緒。只要我們已經盡力，如果確定所有該Try的都做了，已經盡了最大的力量，得不到就不是我們的錯，這是命，也可能是上輩子欠人家的債，還了債就好了。

第二個緣：無私分享惜緣

第二個「緣」的定義是：無私分享惜緣。基於無私的想法，無論是您的優點或是缺失，我都毫不藏私，直接表達，不會因為怕傷了彼此的和氣或感情，只挑好聽的講。或許會因此惹您討厭、嫌我囉唆、不上道，我也不會計較，因為我的出發點是為您好，這就是「無私」。

再者，我也非常樂於將自己的經驗、心得告知大家，儘可能地提供建議、解決方案，知無不言、言無不盡，用真心和大家「分享」。一旦您我有緣成為同事或朋友時，我都會非常珍惜，不會輕易地去斬斷這份緣，和您保持良好的關係，這就是「惜緣」。

我總希望能時時懷抱無私的立場，盡可能地提醒朋友、屬下等，讓他們可以因而更好，並樂於將所知所學和大家分享。也因為時時懷有珍惜彼此緣分的心，更讓我樂於無私分享惜緣。

事實上，它還可以分成兩種多元定義和解讀的「緣」。比如說，「無私」跟「分享」這兩件事，可以分開講，也可以結合來看待。以更寬廣的視野來看，無私是一件事，分享是一件事，無私分享結合起來也是一件事；甚至，無私分享惜緣又可有另一番解讀和定義。同樣地，樂觀是一件事，積極是一件事，樂觀積極隨緣又是一件事。這就是我的中心思想，您可以拆開來應用，也可以合併起來看待，無論從兩個字、四個字，甚或六個字都各有其不同的意義和心境體會。

這也是為何我能持續保有一份熱情，並樂於將自己的心得鉅細靡遺地分享給大家。我最主要的原動力，就是來自「珍惜」和各位同事、朋友的「緣分」，所以我願意「無私」且「積極」地把一路走過來的心得、經驗和方法，「分享」給大家，這也是「隨緣」、「惜緣」理念的實踐。只要是「有緣人」就可以從中獲得某些有用的價值經驗，可以從中找到一些克服自己壓力和瓶頸的方法，甚至某些做人處事更順暢愉快的啟發，對我而言就是最好的回應。

中心思想之二：嚴以律己，寬以待人

除了「緣」之外，第二個中心思想是「嚴以律己，寬以待人」。因為長久以來在這種觀念的自我檢視下，凡事我都會先檢討自己，因此常常會檢討自己錯在哪裡，也很容易原諒別人。

剛剛提到我是在金門當兵時練出這門功夫，不能不提我的連長。其實他的脾氣有點大，有時也會修理我。被他修理了，我當然高興不起來，但馬上心裡轉念就想，連長是個老芋仔，沒娶太太本來脾氣就不好，或者是昨天他可能賭博輸錢了，所以今天心情不好；多替對方找藉口，轉念想著就很容易原諒他了。

也因為「嚴以律己，寬以待人」這八個大字，是我自己手寫貼在碉堡上，所以每當生氣時，就會看到並立即發揮效用，提醒自己「一定要先自我反省，再從不同角度深入去思考」。

於是，在金門當兵一年多的日子，我整個情緒的控管和心性的修養進步很多，比較不容易生氣，碰到事情往往第一個念頭是「我有什麼地方做得不夠好？」接著，則會朝正面思考，或是換一個角度去考量，因而更能體會、原諒對方，怒氣不輕易上心頭。

嚴以律己，只要求自己；寬以待人，善待身邊人

當然，說我完全都沒有火氣，那是騙人的，情緒還是會有。但重要的是，多快可以讓自己將怒火放下，心平氣和地面對、處理事情？比如說，已經告知某業務，A公司營運有問題暫且不要接單，但該業務還是和A公司往來，結果被倒帳了。當下我也很生氣，但馬上轉念一想，該業務也是為了公司好，希望多衝點業績、多幫公司賺點錢，轉念之後，很快就可以原諒他，並且還可以有耐心地和他一起研究、處理善後事宜，而不至於只是一直責罵他：跟你說不要做你還做%#$^……。因為這樣也於事無補。

過去，我太太常常會向我抱怨：「你對別人都不會生氣，為什麼對我有時候就會發脾氣？對助理都很客氣，為什麼對我例外？」我告訴她：「因為我沒有把妳當成外人，我把妳也當成自己，所以會用同等的原則去期待妳。」

後來想想，我們常常會對親近的人忘了尊重與禮貌，其實並不正確。所謂「嚴以律

己，寬以待人」，我們應該把「己」的範圍儘量縮小到只有自身的範圍，這樣就能對身邊的任何人都很客氣，不會亂發脾氣了。這也是「嚴以律己，寬以待人」中心思想另一個角度的演繹，所謂的「己」，究竟牽涉到的範圍有多寬？關於這一點我還做得不完美，必須持續修養，與大家共勉。

先檢討自己，正向思考，化苦為樂

大體來說，「嚴以律己，寬以待人」除了要自我要求、自律並且待人寬厚外，還應該更積極地去面對所有的問題。一旦碰到不順的事情發生時，必須先檢討自己，一定要從中找出自己的錯誤所在，就算沒錯也要設法從中找出自己的錯，唯有具備這種「千錯萬錯都是我的錯」之胸懷，才能更容易地去體諒、寬恕別人，也才能更理性、客觀地針對問題提出解決方案。

事實上，事情發生的所有相關者，在某些方面一定都有錯。如果您不去檢討，眼中所看到的永遠都是別人的錯，但如果您仔細自我反省、檢討，可能就會發現您也有錯，也有可以再注意修正的地方。能夠這樣做，不僅對職場人際關係，甚至同事共同解決事情上可以更正面、更順利，對未來處理事情上也將會更有默契，進而臻於圓滿。換言之，您必須要有先承認錯誤的胸襟，才能培養出原諒別人的氣度。

一般人很容易抱怨主管不公平或公司制度不好，主管也常常埋怨他的部屬不理想。我們有時受別人影響，有時面臨低潮期，有時因思考方向錯誤，心中常常悶悶不樂，到處訴苦，日子過得相當辛苦。其實如果您可以多欣賞別人的優點，並且常常檢討自己不足之處，朝正面思考或換個立場去考量事情，體諒別人，很多的抱怨便自然而然得以化解，自己也能因此過得更快樂。

特別是身為業務員或當主管的我們，遭受到的情緒壓力與挫折更是不勝枚舉，我也一樣。但是該如何面對這些接踵而來的事情？首要學習的是：當事情發生時，您是用什麼樣的態度與觀念來面對情緒？這就像是一門情緒管理的課，當找出「您處理事情的原則」之後，這份原則就成為您做好情緒管理相當關鍵的元素。

對我來說，這麼多年來，就是「緣」加上「嚴以律己，寬以待人」這兩個思想一直影響我的行為。我分享這兩個中心思想作為本書的結語，希望對讀者有些幫助，共勉之。

曾國棟

採訪後記

微言大義的故事心法

讀一則故事，可以大受啟發。

講一個故事，足以說動君王。

知昂有幸跟曾董事長開啟這場故事之旅，要感謝陳來助董事長，讓我在車庫餐廳的餐會聽曾董談到他著書的想法。第一次深深體會到，故事對個人職場修練、企業經營管理的力量，則是在友尚大樓的二樓會議室中，我拿著錄音機，錄下曾董這位千億營收企業主，一路走來所凝鍊的人生智慧，像極了一對一的EMBA課，而我就是獲益最大的那人。

採訪的進程約莫過了三個多月，新冠疫情風雲變色，IC之音為了員工健康著想，知昂不能再上台北，需要在家上班。曾董的EMBA課頓時響應線上學習的熱潮，將這兩本大作的整理，改成線上錄音進行，知昂先整理成文稿，再請曾董指教，一方面出書，一方面未來改版錄製成電台的精彩音頻內容。有趣的是，適逢知昂的長子出生，回顧跟曾董的線上錄音，還會聽到片段的嬰兒笑聲呢。

這段日子，歷經電台的工作任務，為人父的泡奶、哄睡之責，還有假日或晚間整理文稿的忙碌，要感謝內子奕君承擔了絕大部分的持家操勞，讓我無後顧之憂。而在新手爸媽照顧孩子的小小混亂場面中，我同時整理曾董的智慧結晶，這個千頭萬緒的場面，也跟職場實況有點類似吧？就像曾董所說，一進公司，問題永無止盡，有所成就的人，誰不是在公司裡忙得像打仗，同時又得摸索著學習？

當事情繁瑣如一團亂麻，怎麼學習？曾董兩本大作的價值在此顯現出來，就是故事的力量。人類是唯一會說故事的生物，故事情節有因有果，有時間有次序，更有邏輯跟一點點的趣味性；所以，聽故事也是最好的學習方式，如果你記住了一個故事，就忘不了背後的職場心法。

這個道理古今中外不變。莊子談大鵬振翅九萬里，既反映哲學的意境，也比喻追求高遠目標的志向。耶穌說浪子回頭的故事，父親的愛和接納，與浪子的悔悟，成為古今多少人咀嚼再三的經典。戰國策或唐宋明清的名臣，甚且藉著故事或比喻，讓君王明澈道理，做出比原先好得多的決策。

同樣地，當你我在一團亂糟糟的忙碌中，讀到曾董講的故事裡有個老闆，因為怕業務員領不到業績獎金，竟不敢調高公司的業績目標，多半也會心一笑，這當然是可以變通的嘛！聰明的老闆怎會想不到？但當你我身在局中，很可能也需要故事來點醒，才會恍然大悟。

「知昂，故事裡不要有論述，只要故事就好。」這是曾董在著書過程裡，最常提醒的一句話，因為這就是故事的個中之妙。只要情節引人入勝，自然讓人想讀下去。就算真忘了讀過的內容，只要你拿起書本，翻看一眼故事，就能想起曾董無私分享的四十年職場精華，其中都是實打實的經驗，單刀直入，讓你應用在變化萬千的職場。

故事，豈不是最有效的學習？

李知昂

新商業周刊叢書 BW0756

工作者每天精進1%的持續成長思維

自我修練、技能翻轉、掌握贏面的40個職場眉角

國家圖書館出版品預行編目（CIP）資料

工作者每天精進1%的持續成長思維：自我修練、技能翻轉、掌握贏面的40個職場眉角／曾國棟原著. 口述；李知昂採訪整理. -- 初版. -- 臺北市：商周出版：英屬蓋曼群島商家庭傳媒股份有限公司城邦分公司發行, 2020.12
面；　公分. --（新商業周刊叢書；BW0756）
ISBN 978-986-477-958-1（平裝）

1.職場成功法

494.35　　109017843

原著・口述／曾國棟
採訪整理／李知昂
編輯協力／張語寧
責任編輯／鄭凱達
版　　權／吳亭儀
行銷業務／周佑潔、林秀津、王　瑜、黃崇華、賴晏汝

總 編 輯／陳美靜
總 經 理／彭之琬
事業群總經理／黃淑貞
發 行 人／何飛鵬
法律顧問／台英國際商務法律事務所　羅明通律師
出　　版／商周出版
臺北市104民生東路二段141號9樓
電話：(02) 2500-7008　傳真：(02) 2500-7759
E-mail: bwp.service @ cite.com.tw
發　　行／英屬蓋曼群島商家庭傳媒股份有限公司　城邦分公司
臺北市104民生東路二段141號2樓
讀者服務專線：0800-020-299　24小時傳真服務：(02) 2517-0999
讀者服務信箱E-mail: cs@cite.com.tw
劃撥帳號：19833503　戶名：英屬蓋曼群島商家庭傳媒股份有限公司城邦分公司
訂購服務／書虫股份有限公司客服專線：(02) 2500-7718；2500-7719
服務時間：週一至週五上午09:30-12:00；下午13:30-17:00
24小時傳真專線：(02) 2500-1990；2500-1991
劃撥帳號：19863813　戶名：書虫股份有限公司
E-mail: service@readingclub.com.tw
香港發行所／城邦（香港）出版集團有限公司
香港灣仔駱克道193號東超商業中心1樓
電話：(852) 2508-6231　傳真：(852) 2578-9337
馬新發行所／城邦（馬新）出版集團
Cite (M) Sdn. Bhd.
41, Jalan Radin Anum, Bandar Baru Sri Petaling, 57000 Kuala Lumpur, Malaysia.
電話：(603) 9057-8822　傳真：(603) 9057-6622　E-mail: cite@cite.com.my

封面設計／FE Design葉馥儀
印　　刷／鴻霖印刷傳媒股份有限公司
經 銷 商／聯合發行股份有限公司　電話：(02) 2917-8022　傳真：(02) 2911-0053
地址：新北市新店區寶橋路235巷6弄6號2樓

■2020年12月8日初版1刷
■2023年6月9日初版7.1刷

Printed in Taiwan

定價390元
ISBN 978-986-477-958-1

城邦讀書花園
www.cite.com.tw